机工IT

你好！Python

关东升
编著

机械工业出版社
CHINA MACHINE PRESS

本书以轻松幽默的语言，从零开始介绍 Python 语言。书名来源于编程语言中最经典的 Hello World 程序，寓意带读者从入门到精通。

全书共 14 章，内容涵盖 Python 基础语法、数据类型和运算、流程控制语句、函数和模块、面向对象编程、异常处理、文件和网络操作，以及 GUI 编程、数据库编程和多线程编程。

书中每章都设有总结与扩展和同步练习，以及若干训练营，旨在通过综合案例巩固知识。本书还提供配套代码、课件、答疑服务，以及视频来辅助学习（下载方式见封底）。

书中目录采用幽默风格命名，使用漫画角色对话的形式讲解知识，以吸引读者学习兴趣。

无论您是编程新手，还是有经验的程序员，本书都将以浅显易懂的方式，带您掌握 Python 语言实用技能。您只要耐心学习践行，必将收获满满，现在请您开始 Python 编程之旅吧！

图书在版编目（CIP）数据

你好！Python / 关东升编著 .—北京：机械工业出版社，2024. 1
ISBN 978-7-111-74709-3

Ⅰ. ①你…　Ⅱ. ①关…　Ⅲ. ①软件工具-程序设计　Ⅳ. ①TP311. 561

中国国家版本馆 CIP 数据核字（2024）第 002439 号

机械工业出版社（北京市百万庄大街 22 号　邮政编码 100037）
策划编辑：张淑谦　　　　责任编辑：张淑谦　丁　伦
责任校对：孙明慧　张　薇　　责任印制：刘　媛
北京中科印刷有限公司印刷
2024 年 3 月第 1 版第 1 次印刷
184mm×240mm · 15. 5 印张 · 311 千字
标准书号：ISBN 978-7-111-74709-3
定价：99. 90 元

电话服务	网络服务
客服电话：010-88361066	机　工　官　网：www. cmpbook. com
010-88379833	机　工　官　博：weibo. com/cmp1952
010-68326294	金　　书　　网：www. golden-book. com
封底无防伪标均为盗版	机工教育服务网：www. cmpedu. com

前言

亲爱的读者您好!

欢迎来到《你好! Python》。本书是一本旨在帮助您入门 Python 编程的指南。Python 作为一门简洁、优雅且功能强大的编程语言,正逐渐成为计算机科学领域的热门语言。无论您是想学习编程、提升技能,还是探索计算机科学的奥秘,本书都将为您提供丰富的知识和实践经验。

编写这本书的初衷是让 Python 编程变得更加亲切和有趣。我们采用了幽默的内容命名风格,用对话形式呈现知识讲解,希望能够在您学习的过程中带给您一些轻松愉快的时刻。我们希望通过这种轻松愉快的学习方式,让您对 Python 编程产生兴趣,并享受学习的过程。

本书内容全面而系统,从 Python 的基本语法、数据类型开始,逐步引导您掌握核心概念和编程技巧。每一章都提供了总结与扩展部分,帮助您回顾和扩展所学内容,并通过同步练习进行实践。此外,我们还设置了训练营板块,通过阶段性的综合案例来帮助您巩固知识、加深理解,并提供配套资源(如代码、课件和答疑服务)和学习视频,帮助您更好地掌握 Python 编程。

无论您是初学者,还是已有一定编程基础的读者,本书都能满足您的需求。我们会从基础知识开始,为您打下坚实的编程基础,并逐步引领您进入 Python 编程的精彩世界。我们相信,通过持续地学习和实践,您将掌握 Python 编程的核心技能,并能够应用它来解决实际问题。

在本书的编写过程中,我们不仅考虑了知识的传达,更注重培养读者的编程思维和解决问题的能力。我们鼓励您积极参与,并将学到的知识应用到实际项目中,这样您才能真正体会到 Python 的魅力和实用性。

最后,我们希望您享受阅读本书的过程,探索 Python 编程的乐趣,并在学习中不断成长。无论您遇到任何问题或困惑,我们都将竭诚为您提供帮助。愿《你好! Python》成为您踏上编程之旅的“引路人”,助您在编程世界中展翅高飞!

致谢

感谢机械工业出版社的张淑谦编辑给我提供了宝贵的意见。感谢智捷课堂团队的赵志荣、赵大羽参与部分内容的校对审核。感谢大羽绘制本书的全部插图，并从专业的角度修改书中图片和排版，力求更加真实完美地将知识奉献给广大读者。感谢我的家人容忍我的忙碌，以及对我的关心和照顾，使我能投入全部精力专心编写此书。

由于 Python 编程应用不断更新迭代，且作者水平有限，书中难免存在不妥之处，请读者提出宝贵修改意见，以便再版时改进。

关东升

目　录
CONTENTS

前　言

你好，世界！我是Python!
——从Hello World开始

魔法师的咒语书
——Python基本语法

以数据之名，激荡人心
——Python数据类型

我快乐，我自由！
——运算符

让代码通透你的心
——决策语句

编织代码的舞者——循环语句

一个人的独角戏，一群人的协奏曲——函数

唯美的艺术——面向对象

捉虫大队行动中
——异常处理

掌握文件才能侃侃而谈
——文件访问

在视觉与交互的海洋中游泳
——GUI编程

畅游信息的海洋
——网络编程

第 1 章 你好，世界！我是 Python！——从 Hello World 开始

同学们好，欢迎来到本章！在本章中，我们将从经典的" Hello World" 程序开始，逐步介绍 Python 编程的基础知识和概念。Python 是一门简单易学、功能强大的编程语言，非常适合编程初学者。

首先，我们将学习如何搭建 Python 开发环境，包括安装和下载 Python 解释器。然后，我们将动手编写第一个 Python 程序，即" Hello World" 。我们将介绍使用 IDLE 工具和 PyCharm 工具两种常见的方法。

在编写 Hello World 程序之后，我们将深入讲解 Python 语言的基础知识，这包括 Python 语言的历史背景和主要特点，让你对 Python 的起源和优势有更好的了解。

当你在学习过程中遇到问题时，我们会介绍如何获得帮助。无论是官方文档、在线资源还是社区支持，都可以为你提供解答和指导。

最后，我们将总结本章的内容，并提供扩展学习的建议。如果你对 Python 编程感兴趣，我们还推荐参加一个训练营，以便更好地搭建环境、熟悉 Python 程序结构，并通过同步练习题巩固所学知识。

让我们一起从 Hello World 开始，探索 Python 编程的奇妙世界吧！

1.1 编写你的第一个 Python 程序

老师，我听说 Python 是种很好的编程语言，能干许多事情，我想学习一下。请问从哪里开始入手比较好呢？

很好，Python 的确是一个功能强大又易上手的语言。对于初学者来说，编写第一个“Hello World”程序是最好的起点。

“Hello World”程序是什么？能教我编写吗？

Hello World 程序是最简单的 Python 示例，只需要一行代码就可以在屏幕上打印出“Hello World”。通过它可以快速了解 Python 语言的基础语法。

听起来很有意思！不过我需要先安装 Python 编程环境，对吧？

没错，我们需要先下载并安装 Python 解释器，这是运行 Python 程序的基础。

1.1.1 Python 解释器

为了运行 Python 程序，首先应该安装 Python 解释器。由于历史的原因，能够提供 Python 解释器的产品有多个，介绍如下。

（1）CPython

CPython 是 Python 官方提供的。一般情况下提到的 Python 就是指 CPython，CPython 是基于 C 语言编写的，它实现的 Python 解释器能够将源代码编译为字节码（ByteCode），类似于 Java 语言，然后再由虚拟机执行，这样当再次执行相同源代码文件时，如果源代码文件没有被修改过，那么它会直接解释执行字节码文件，从而提高程序的运行速度。

（2）PyPy

PyPy 是基于 Python 实现的 Python 解释器，速度要比 CPython 快，但兼容性不如 CPython。

（3）Jython

Jython 是基于 Java 实现的 Python 解释器，可以将 Python 代码编译为 Java 字节码，可以在 Java 虚拟机下运行。

（4）IronPython

IronPython 是基于.NET 平台实现的 Python 解释器，可以使用 . NETFramework 链接库。

考虑到兼容性和其他一些性能，本书使用 Python 官方提供的 CPython 作为 Python 开发环境。Python 官方提供的 CPython 有多个不同平台版本（Windows、Linux/UNIX 和 macOS），大部分 Linux、UNIX 和 macOS 操作系统都已经安装了 Python，只是版本有所不同。

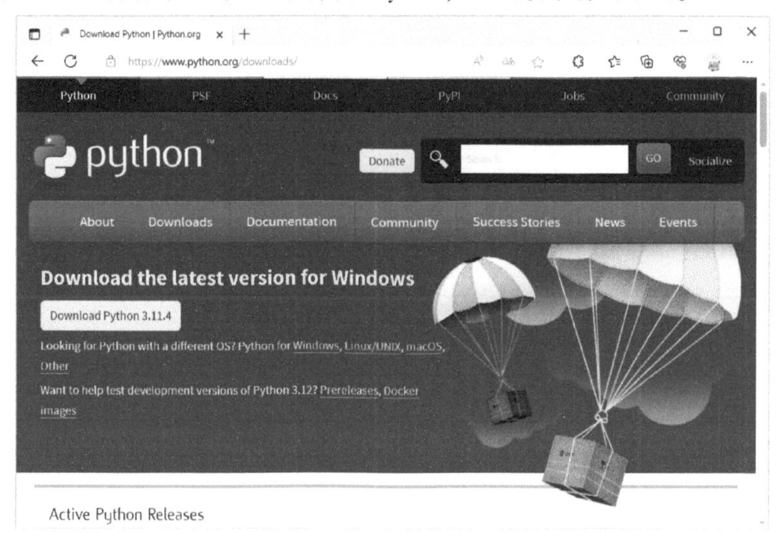

图 1-1 下载 Python

读者可以进入如图 1-1 所示的 Python 官网，单击 Download Python 3.xx.x 按钮下载 Python3 解释器。

Python 安装文件下载完成后，双击该文件开始安装，安装过程中会弹出图 1-2 所示的内容选择对话框，勾选复选框 Add Python3.xx to PATH 可以将 Python 的安装路径添加到环境变量 PATH 中，这样就可以在任何文件夹下使用 Python 命令了。选择 Customize installation 可以自定义安装，本例选择 Install Now，这会进行默认安装，直到安装结束关闭对话框，即可安装成功。

图 1-2　安装内容选择对话框

Python 安装文件完成后，可以在开始菜单中找到图 1-3 所示的内容。

图 1-3　安装成功

1.1.2 编写 Hello World

如图 1-3 所示，Pyhon 安装完成后，在 Pyhon 开始菜单中带有一个 IDLE 工具，这是一个简单的编写和运行 Python 程序代码的工具，它采用交互方式运行 Python 程序代码。

交互式运行：以该种方式输入程序代码后，按〈Enter〉键提交给 Python 编译器，编译器会马上执行代码，执行完成后马上将结果返回，这就像是两个人在对话一样。交互方式运行程序代码比较适合执行一些简单的程序指令。

交互方式运行 Python 程序代码比较简单，下面就通过这种方式实现 Hello World 程序。首先，在开始菜单中单击 IDLE 菜单项，启动 IDLE 工具，如图 1-4 所示，其中“>>>”符号是输入 Python 程序指令（代码）提示符。

```
IDLE Shell 3.11.3
File Edit Shell Debug Options Window Help
Python 3.11.3 (tags/v3.11.3:f3909b8, Apr  4 2023, 23:49:59) [MSC v.1934 64 bit (AMD64)] on win32
Type "help", "copyright", "credits" or "license()" for more information.
>>>
Ln: 3  Col: 0
```

图 1-4 IDLE 工具

在 IDLE 窗口中输入 Python 程序代码并执行，如图 1-5 所示。

```
IDLE Shell 3.11.3
File Edit Shell Debug Options Window Help
Python 3.11.3 (tags/v3.11.3:f3909b8, Apr  4 2023, 23:49:59) [MSC v.1934 64 bit (AMD64)] on win32
Type "help", "copyright", "credits" or "license()" for more information.
>>> 1+1
2
>>> print("Hello World")
Hello World
>>>
Ln: 7  Col: 0
```

执行结果

输入表达式，按<Enter>键执行

打印字符串

图 1-5

上述代码中输入表达式“1+1”，然后按〈Enter〉键，Python 编译器会马上执行代码，执行完成后马上返回计算的结果 2，而代码 print("Hello World")行是指通过 print 函数可以打印字符串"Hello World"，按〈Enter〉键也会马上返回执行结果，这就是交互式运行方式。

1.2 使用 PyCharm 工具

老师，我现在可以通过 IDLE 来运行一些简单的代码了，但是我注意到它好像无法保存编写的代码？

对，IDLE 是一个交互式 Python 解释器，主要用于测试代码片段，不太适合编写完整程序。

明白了，那么编写整个 Python 程序，我该使用什么工具呢？

一个好工具是 PyCharm，它是 Python 的集成开发环境，将编写、运行、调试代码都集成在一起，方便管理项目。

听起来很有用！它主要有哪些功能呢？

PyCharm 提供了智能编辑器，可以创建 Python 项目和文件，内置解释器，支持代码调试、自动补全等，可以大幅提高效率。

太棒了！我想快点上手，能教我如何使用 PyCharm 开发 Python 吗？

下载和安装 PyCharm 的方法如下。

PyCharm 下载地址 https：//www. jetbrains. com/pycharm/download/，进入图 1-6 所示的

PyCharm Professional（专业版）下载页面，单击 Download 按钮就可以下载了。需要注意的是，Professional 版本可以免费试用 30 天，如果超过 30 天，则需要购买软件许可（License Key）。

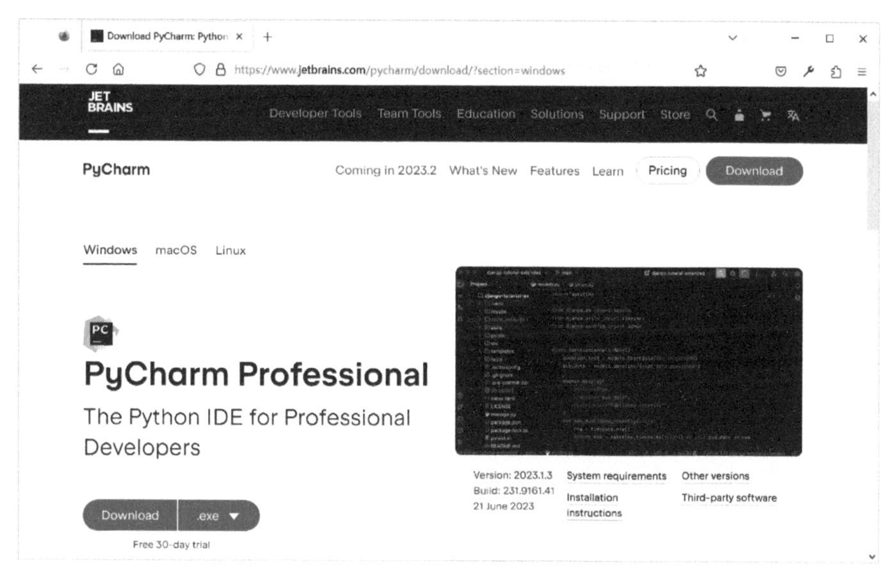

图 1-6　PyCharm 专业版

如果将页面下拉，可见图 1-7 所示的 PyCharm Community Edition（社区版），它是完全免费的，对于学习 Python 语言社区版的读者已经足够了，单击 Download 按钮即可下载。

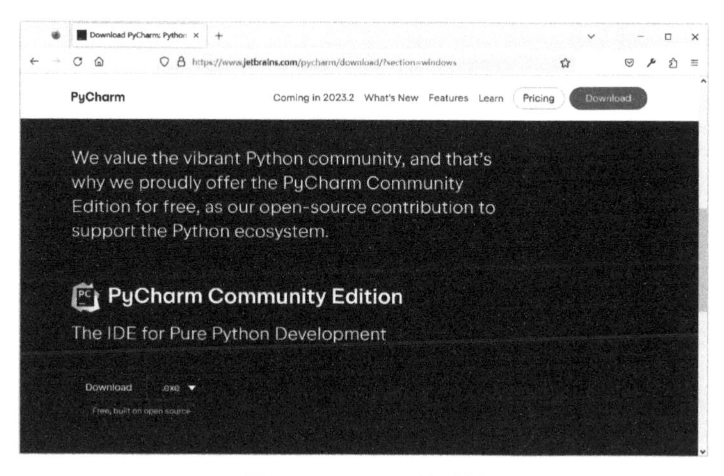

图 1-7　PyCharm 社区版

下载安装文件成功后即可安装，安装过程非常简单，这里不再赘述。

1.2.1 设置 Python 解释器

首次启动刚刚安装成功的 PyCharm，需要根据个人喜好进行一些基本的设置，这些设置过程非常简单，这里不再赘述。基本设置完成后进入 PyCharm 欢迎界面，如图 1-8 所示，单击 Customize→All settings 按钮，打开 Settings 对话框，如图 1-9 所示。

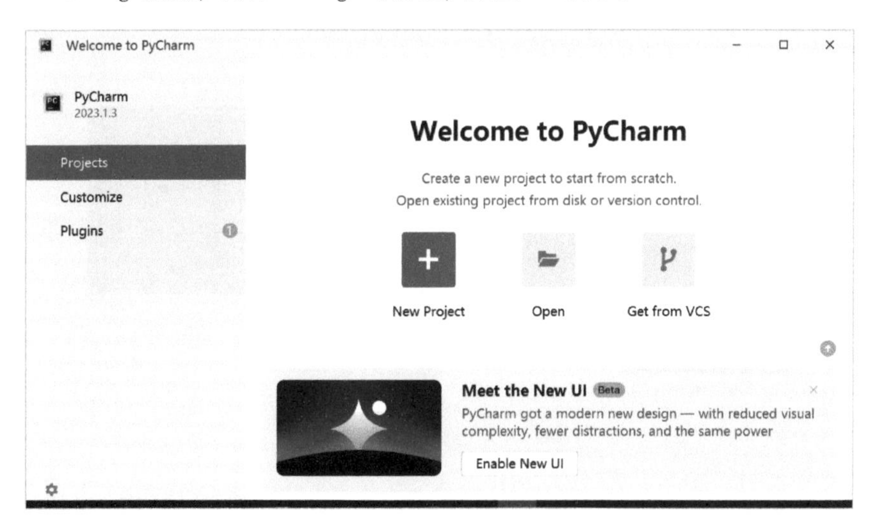

图 1-8 PyCharm 欢迎界面

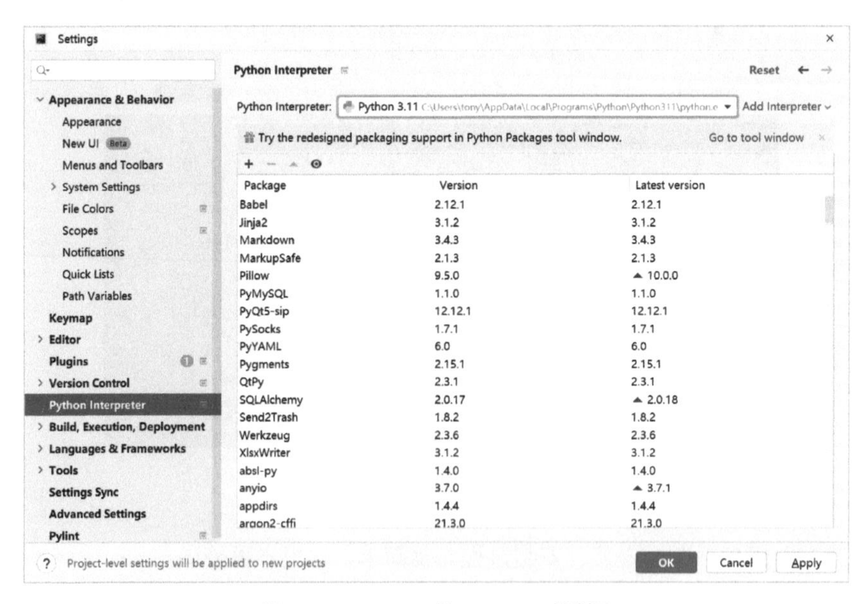

图 1-9 PyCharm 的 Settings 对话框

在 Settings 对话框中选择左边 Project Interpreter（解释器）打开 Project Interpreter 选项卡，如图 1-9 所示。如果右边的 Project Interpreter 没有设置，可以单击下拉按钮选择 Python 解释器，若下拉列表中没有 Python 解释器，可以单击配置按钮添加 Python 解释器。

1.2.2 创建项目

在 PyCharm 中通过项目（Project）管理 Python 源代码文件，因此需要先创建一个 Python 项目，然后在项目中创建一个 Python 源代码文件。

PyCharm 创建项目的步骤：打开图 1-8 所示的 PyCharm 的欢迎界面，在欢迎界面单击 New Project 按钮打开图 1-10 所示的对话框，在 Location 文本框中输入项目名称“HelloProj”。

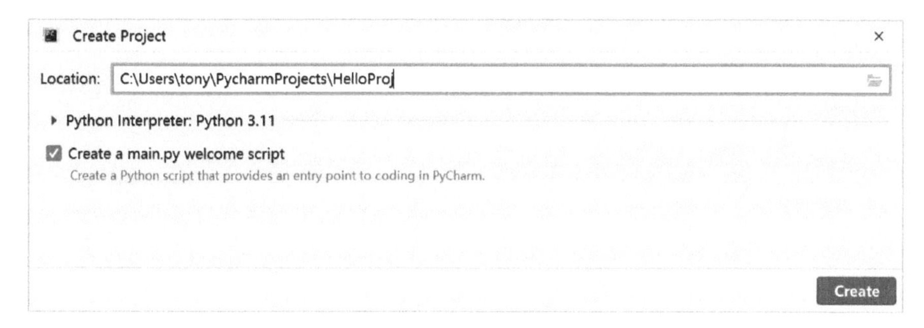

图 1-10　创建项目

输入项目名称并选择好项目解释器后，即可单击 Create 按钮创建项目，结果如图 1-11 所示。

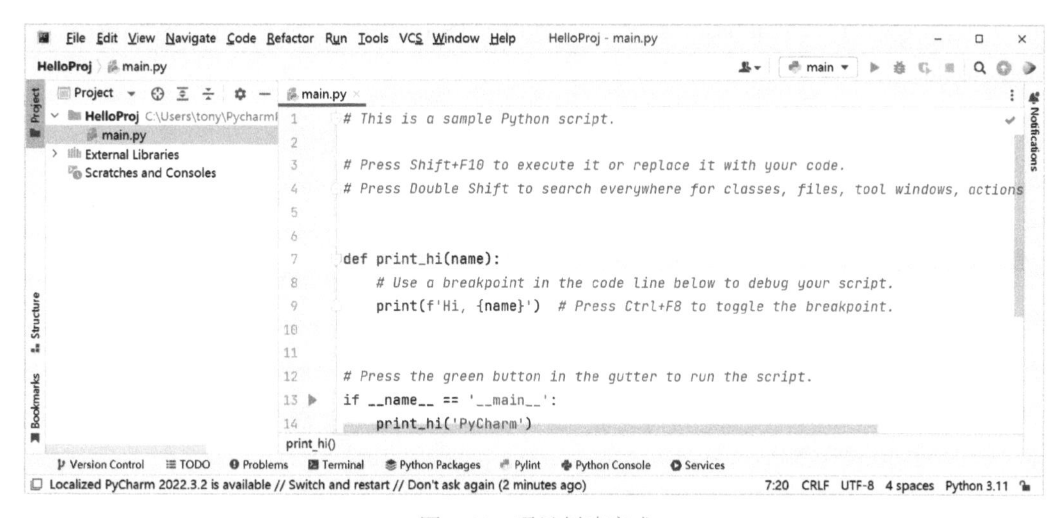

图 1-11　项目创建完成

1.2.3 编写代码

在代码窗口删除生成的代码，并编写代码，如图 1-12 所示。

图 1-12　编写代码

1.2.4 运行程序

程序编写完即可运行。如果是第一次运行，则需要在左边的项目文件管理窗口中选择 main.py 文件，从右击菜单中选择 Run 'main' 运行，运行结果如图 1-13 所示，在左下面的控制台窗口将输出 Hello World。

图 1-13　运行结果

如果已经运行过一次，也可直接单击工具栏中的 Run ▶按钮，或选择菜单命令 Run→Run 'main'，或使用快捷键〈Shift+F10〉，这样就可以就运行上次的程序了。

1.2.5 庖丁解牛 Hello World

至此只是介绍了如何编写和运行 Hello World 程序，还没有对 Hello World 程序代码进行解释。

```
① """
   Created on 2020年3月18日
   作者：关东升
② """

③ string = "Hello, World."
④ print(string)
```

从代码中可见，Python 实现 Hello World 的方式比 Java、C 和 C++等语言要简单得多，而且没有 main 主函数。下面详细解释一下代码。

代码第①处和第②处之间使用两对三重双引号包裹起来，这是 Python 文档字符串，起到对文档注释的作用。三重双引号可以换成三重单引号。代码第③处是声明字符串变量 string，并且使用"Hello，World."为它赋值。代码第④处是通过 print 函数将字符串输出到控制台，类似于 C 中的 printf 函数。print 函数语法如下：

```
print(* objects, sep='', end='\n', file=sys.stdout, flush=False)
```

print 函数有 5 个参数：* objects 是可变长度的对象参数；sep 是分隔符参数，默认值是一个空格；end 是输出字符串之后的结束符号，默认值是换行符；file 是输出文件参数，默认值 sys. stdout 是标准输出，即控制台；flush 为是否刷新文件输出流缓冲区，如果刷新字符串会马上打印输出，默认为不刷新。

1.3 Python 语言概述

下面介绍 Python 语言的由来和历史背景、语言特点和应用前景。

1.3.1 Python 语言历史

Python 之父荷兰人吉多·范罗苏姆（Guido van Rossum）在 1989 年圣诞节期间，在阿姆斯特丹，为了打发无聊时间，决心开发一门解释程序语言。1991 年第一个 Python 解释器公开版发布，它是用 C 语言编写实现的，并能够调用 C 语言的库文件。Python 一诞生就已经具有了类、函数和异常处理等内容，包含字典、列表等核心数据结构，拥有以模块为基础的拓展系统。

2000 年 Python 2.0 发布，Python 2 的最后一个版本是 2.7，Python 官方于 2020 年 1 月 1 日停止了对 Python 2.7 的支持。2008 年 Python 3.0 发布，Python 3 与 Python 2 是不兼容的，由于很多 Python 程序和库都是基于 Python 2 的，所以 Python 2 和 Python 3 程序长期并存，不过 Python 3 的新功能吸引了很多开发人员，他们从 Python 2 升级到了 Python 3。作为初学者，学习 Python 时建议从 Python 3 开始。

Python 单词翻译为“蟒蛇”，想到这种动物不会有很愉快的感觉。那为什么这种新语言取名为 Python 呢？那是因为吉多喜欢看英国电视秀节目《蒙提·派森的飞行马戏团》（*Monty Python's Flying Circus*），于是他将这种新语言命名为 Python。

1.3.2 Python 语言特点

Python 语言能够流行起来，并持续发展，得益于其有很多优秀的关键特点。这些特点如下：

（1）简单易学

Python 的设计目标之一就是学习方便、使用简单。它能够使人专注于解决问题而不是过多关注语言本身。

（2）面向对象

Python 支持面向对象的编程，与其他主要的语言（如 C++和 Java）相比，Python 以一种非常强大又简单的方式实现了面向对象编程。

（3）解释性

Python 是解释执行的，即 Python 程序不需要编译成二进制代码，可以直接从源代码运行程序。在计算机内部，Python 解释器把源代码转换成为中间字节码形式，然后再把它解释为计算机使用的机器语言并执行。

（4）免费开源

Python 是免费开放源码软件。简单地说，你可以自由地发布这个软件的拷贝、阅读它的源代码、对它做改动、把它的一部分用于新的自由软件中。

（5）可移植性

Python 解释器已经被移植在许多平台上，Python 程序无需修改就可以在多个平台上运行。

（6）胶水语言

Python 被称为胶水语言，所谓胶水语言是指用来连接其他语言编写的软件组件或模块的语言。Python 能够称为胶水语言，是因为标准版本 Python 是用 C 编译的，称为 CPython。所以

Python 可以调用 C 语言，借助于 C 接口，Python 几乎可以驱动所有已知的软件。

（7）丰富的库

Python 标准库（官方提供）种类繁多，它可以帮助处理各种工作，这些库不需要安装，可以直接使用。除了标准库以外，还有许多其他高质量的库可以使用。

（8）规范的代码

Python 采用强制缩进的方式，使得代码具有极佳的可读性。

（9）支持函数式编程

虽然 Python 并不是一种单纯的函数式编程，但是也提供了函数式编程的支持，如函数类型、Lambda 函数和高阶函数等。

（10）动态类型

Python 是动态类型语言，它不会检查数据类型，在变量声明时不需要指定数据类型。

1.4 Python 语言应用前景

Python 与 Java 语言一样，都是高级语言，它们不能直接访问硬件，也不能编译为本地代码运行。除此之外，Python 几乎可以做任何事情。下面是 Python 语言主要的应用前景：

（1）桌面应用开发

利用 Python 语言可以开发传统的桌面应用程序，通过 Tkinter、PyQt、PySide、wxPython 和 PyGTK 等 Python 库可以快速开发桌面应用程序。

（2）Web 应用开发

Python 也经常被用于 Web 开发。很多网站是基于 Python Web 开发的，如豆瓣、知乎和 Dropbox 等。很多成熟的 Python Web 框架，如 Django、Flask、Tornado 、Bottle 和 web2py 等，可以帮助开发人员快速开发 Web 应用。

（3）自动化运维

Python 可以编写服务器运维自动化脚本。很多服务器采用 Linux 和 UNIX 系统，以前很多运维人员编写系统管理 Shell 脚本实现运维工作。而现在使用 Python 编写系统管理，其在可读性、性能、代码可重性、可扩展性等几方面优于普通 Shell 脚本。

（4）科学计算

Python 语言也广泛地应用于科学计算，NumPy、SciPy 和 Pandas 库都是优秀的数值计算和科学计算库。

（5）数据可视化

Python 语言也可将复杂的数据通过图表展示出来，便于数据分析。Matplotlib 库是优秀的可视化库。

（6）网络爬虫

Python 语言很早就用来编写网络爬虫。谷歌等搜索引擎公司大量地使用 Python 语言编写网络爬虫。从技术层面上讲，Python 语言有很多这方面的工具，如 urllib、Selenium 和 BeautifulSoup，以及网络爬虫框架 scrapy 等。

（7）人工智能

人工智能是现在非常火的一个方向。Python 广泛应用于深度学习、机器学习和自然语言处理等方向。由于 Python 语言的动态特点，很多人工智能框架都是采用 Python 语言实现的。

（8）大数据

对于大数据分析中涉及的分布式计算、数据可视化、数据库操作等，Python 中都有成熟库可以完成。Hadoop 和 Spark 都可以直接使用 Python 编写计算逻辑。

（9）游戏开发

Python 可以直接调用 OpenGL 实现 3D 绘制，这是高性能游戏引擎的技术基础。所以有很多 Python 语言实现的游戏引擎，如 Pygame、Pyglet 和 Cocos2d 等。

1.5 如何获得帮助

老师，在学习 Python 时，我经常会遇到不懂的问题，该如何获取帮助？

获取 Python 相关帮助的渠道有很多，我来给你介绍几个常用的。

- Python 官方文档：文档全面详尽，涵盖语法、内置函数等方方面面，是解决问题的第一手资料。
- StackOverflow：国外著名的程序员问答社区，里面包含了大量 Python 问题讨论。
- 社区论坛：如 CSDN、知乎等都有 Python 版块，可以在这里发帖提问。
- Python 中文文档：一些中文网站翻译的 Python 文档也很有用，如 Python 教程网。
- 搜索引擎：在搜索引擎上搜索问题关键词，也能找到很多相关内容。

当遇到问题时，我建议你先查阅文档和搜索解决方案，如果还是糊涂，可以去问答社区发帖求助。

感谢老师这么详细的指导！这给了我很明确的获取帮助的途径。

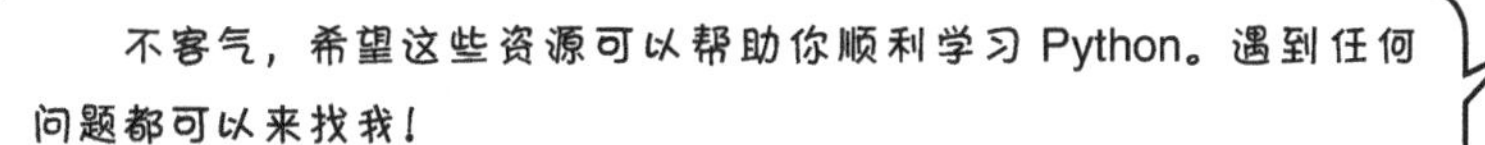

不客气，希望这些资源可以帮助你顺利学习 Python。遇到任何问题都可以来找我！

好的老师！

1.6 总结与扩展

总结扩展

在本章中，我们一起完成了 Python 编程的第一个重要步骤——编写一个 Hello World 程序。对于所有编程语言来说，这都是一个重要的起点，也是我们开始 Python 之旅的第一步。

首先，我们学习了 Python 开发环境的搭建，包括下载和安装 Python 解释器。解释器是运行 Python 程序的基础，正如汽车需要发动机一样。

然后我们使用了 IDLE 和 PyCharm 这两个工具来编写和运行第一个 Hello World 程序。熟练掌握工具是编程的基础。通过编写这个简单的程序，我们体会到了 Python 编程的工作流程——编写代码，保存为.py 文件，然后运行直到打印输出。这为我们之后的Python 项目奠定了基础。

在语言概述部分，我们简要学习了 Python 的历史，以及它的设计理念和主要语言特点。这让我们对这门语言有了初步的了解。Python 简洁优雅的语法设计让它成为编程语言中的佼佼者。

本章内容看似简单，但却是开始 Python 编程之旅的重要一步。在之后我们将学习 Python 的基础语法，如变量、数据类型、流程控制等，逐步体会这门语言的独特魅力。

1.7 同步练习

【练习 1-1】：请大家根据本章所学知识，完成 Python 搭建环境。

【练习 1-2】：通过 IDLE 工具，以交互方式编写 Python 程序代码，输出“世界您好！”字符。

【练习 1-3】：通过 PyCharm 工具，编写 Python 程序代码，输出“世界您好！”字符。

第 2 章 魔法师的咒语书——Python 基本语法

老师，我已经可以输出 Hello World 了，是不是要开始学习 Python 的语法了呢？

没错，要进入语法的殿堂，必须先学习它的基本词汇和语法结构。

Python 的语法就像魔法师施咒时使用的咒语，我们必须详细理解才能掌握魔法。

今天我将带你学习最基础的语法元素：标识符、关键字、变量、注释和缩进等。

它们就像魔法师使用的咒语，我们将一一翻开这本魔法书，参透语法之道。

我已经迫不及待想学习这些 Python“魔咒”了！请老师开始讲解吧。

好，让我们打开魔法师的咒语书，开始 Python 语法之旅！这门语言的魔力，必将令你大开眼界。

2.1 标识符和关键字

程序代码中，标识符和关键字都是重要的代码元素。

2.1.1 标识符

在程序代码中有一些由程序员自己指定的名字，例如变量、常量、函数、属性、类、模块和包等，这些名字就是标识符。标识符虽然是由程序员自定义的，但是也要遵守一定的规范。Python 语言中标识符的命名规则如下：

1）字符区分大小写，name 与 Name 是两个不同的标识符。

2）首字符可以是下画线（_）或字母，但不能是数字。

3）除首字符外，其他字符可以由下画线（_）、字母和数字构成。

4）关键字不能作为标识符。

5）不要使用 Python 内置函数作为自己的标识符。

例如，下列标识符是合法的：

身高、identifier、userName、User_Name、_sys_val、身高。

而下列标识符是不合法的：

2mail、room#、$ Name 和 class。

在上述合法的标识符中，“身高”虽然是中文命名，但它也是合法的；在非法的标识符中，2mail 非法是因为以数字开头，room#非法是因为包含非法字符#，$ Name非法是因为首字符是 $，class 非法是因为其为关键字。

2.1.2 关键字

在程序代码中除了由程序员自定义的标识符外，还有语言本身定义的代码元素，它们有特殊的含义，这就是**关键字**。Python 语言中有 33 个关键字。具体内容见表 2-1。

表 2-1 Python 语言中的关键字

False	def	if	raise
None	del	import	return
True	elif	in	try
and	else	is	while
as	except	lambda	with
assert	finally	nonlocal	yield
break	for	not	
class	from	or	
continue	global	pass	

从表 2-1 可见，只有 False、None 和 True 三个标识符的首字母是大写的，其他的标识符全部小写。

2.2 编程基础知识

老师，我已经了解了 Python 的一些基本语法结构，但是还不太清楚变量、注释、缩进和续行符等具体概念。请您给我介绍一下这些内容吧。

没问题，这些都是 Python 编程中非常基础和关键的知识，下面我来为你详细解释一下。

2.2.1 语句

语句是代码的重要组成部分，在 Python 语言中，一般情况下一行代码表示一条语句，语句结束可以加分号，也可以省略分号。示例代码如下：

```
   str1 ="Hello, World."              # 声明 str1 变量
   print(str1)
   _hello = "HelloWorld" ;            # 分号(;)没有省略,程序没有错误发生
   var1 = "Tom"; var2 = "Bean"        # 一行代码有两条语句
①  a = b = c = 10                     # 链式赋值语句,一次可以为多个变量赋相同的数值
```

在 Python 语言中，一条语句结束时，虽然可以省略分号，但是一般不推荐省略。另外，从编程规范的角度讲，每行至多包含一条语句，因此代码第①处的写法是不规范的。

2.2.2 变量

在 Python 中声明变量时不需要指定它的数据类型，只要给一个标识符赋值就声明了变量，示例代码如下：

```
   _hello ="HelloWorld"             # 声明字符串类型变量_hello
   score = 0.0                      # 声明浮点类型变量 score
   y = 20                           # 声明整数类型变量 y
①  y = True                         # 变量 y 被重新赋值为布尔值 True
```

注意，代码第①处是给 y 变量赋布尔值 True，虽然 y 已经保存了整数类型 20，但它也可以接收其他类型数据。

Python 是动态类型语言，动态类型语言会在运行期检查变量或表达式数据类型，动态类型语言主要有 Python、PHP 和 Objective-C 等。与动态语言对应的还有静态类型语言，静态类型语言会在编译期检查变量或表达式数据类型，如 Java 和C++等。

2.2.3 注释

Python 程序注释使用井号“#”，使用时#位于注释行的开头，后面有一个空格，接着是注释

内容。

使用注释示例代码如下：

```
① #coding=utf-8
  # 2.2.3 注释
  _hello = "HelloWorld"            # 声明字符串类型变量_hello
  score = 0.0                      # 声明浮点类型变量 score
  y = 20                           # 声明整数类型变量 y
  # 变量 y 被重新赋值为布尔值 True
  y = True
```

代码第①处注释行#coding = utf-8 的注释作用很特殊，用来设置 Python 代码文件的编码集，该注释语句必须放在文件的第一行或第二行才能有效。

2.2.4 缩进

在 if、for 和 while 等语句中会涉及代码块，在 Java、C 等语句中，代码块是通过大括号（{}）来界定的；而在 Python 语言中，代码块是通过缩进来表示的，同一代码块内的语句必须保持相同的缩进级别。示例代码如下：

```
  # coding=utf-8
  # 2.2.4 缩进
  _hello = "HelloWorld"
  score = 80
  y = 20
  y = True
  if score >= 60:
①     print("及格。")
  else:
②     print("不及格。")
③     print("y=", y)        # print 有两个参数,打印结果会将两个参数拼接起来
④     y = False

⑤ print(_hello)
⑥ print("y=", y)
```

上述代码第⑤和⑥是一个缩进级别，代码第①、②和③处是同一个缩进级别，如图 2-1 所示。在 score >= 60 为 True 时，执行代码第①处所在代码块；当 score >= 60 为 False 时，执行②~③处所在的代码块。而⑤和⑥所在的代码块是在 if 语句结束后执行的。

```
# coding=utf-8
# 2.5 缩进
_hello = "HelloWorld"
score = 80
y = 20
y = True
if score >= 60:
    print("及格。")
else:
    print("不及格。")
    print("y=", y)
    y = False

print(_hello)
print("y=", y)
```

图 2-1 缩进级别

上述代码执行结果如下所示。

```
及格。
HelloWorld
y= True
```

一个缩进级别一般是一个制表符（Tab）或 4 个空格，考虑到不同的编辑器制表符显示的宽度不同，大部分编程语言规范推荐使用 4 个空格作为一个缩进级别。

2.2.5 续行符

从编程规范来说，一行代码不应该超过 80 个字符。但是有时代码确实很长，在 Python 语言中可以通过反斜杠“\”将后面的代码接续起来，此时的反斜杠“\”称为续行符。

示例代码如下：

```
# coding=utf-8
# 续行符
① var1 = var2 = var3 = var4 = var5 = var6 = var7 = var8 \
②     = var9 = var10 = var11 = \
③     var12 = var13 = var14 = var15 = var16 = 100
④ if var1 >= 60 and var2 >= 60 and \
⑤         var3 >= 60 and var4 >= 60 \
```

```
⑥          and var5 >= 60 \
⑦          and var6 >= 60:
        print("及格")
```

上述代码事实上只有三条语句，其中代码第①~③处是一条语句，它们通过续行符连接起来，注意续行符后没有空格。而④~⑦处也是一条语句，它们也是通过续行符连接起来的。

2.3 训练营：理解变量和语句

训练营背景描述：

小红正在学习几何形状的知识。今天老师教了计算圆的面积公式：面积 = π×半径×半径。

小红恍然大悟，决定用 Python 代码把这个公式实现出来，以便快速计算不同大小圆的面积。

实现代码如下：

```
   #这是一个计算圆面积的程序
①  radius = 5 # 半径
②  pi = 3.14 # 圆周率
   # 计算圆面积，注释说明代码
③  area = radius * radius * pi

④  print('圆的半径是:', radius)
⑤  print('圆的面积是:', area)
```

这个程序通过圆的半径和圆周率，利用圆的面积公式来计算圆的面积，并将结果打印出来。

上述代码执行结果如下所示。

```
圆的半径是: 5
圆的面积是: 78.5
```

代码解释：

代码第①处创建了一个名为 radius 的变量，并将其赋值为 5。这个变量用于表示圆的半径。

代码第②处创建了一个名为 pi 的变量，并将其赋值为 3.14。这个变量用于表示圆周率。

代码第③处计算了圆的面积，并将结果赋值给 area 变量。通过将半径的平方乘以圆周率来得到圆的面积。

代码第④处使用 print 函数将圆的半径打印出来。

代码第⑤处使用 print 函数将圆的面积打印出来。

2.4 Python 代码组织方式

老师，我编写的 Python 代码越来越多了，怎么组织代码比较好呢？

很好的问题！Python 提供了模块（Module）和包（Package）来组织代码，使项目更结构化。

什么是模块啊？

模块是一个包含变量、函数等的.py 文件。导入模块后可以访问其内容。

听起来很方便！包又是什么呢？

包是一个包含模块的文件夹。导入包内模块需要使用点号，如 package.module。

我明白了！使用模块和包可以把相关代码分组，方便管理。

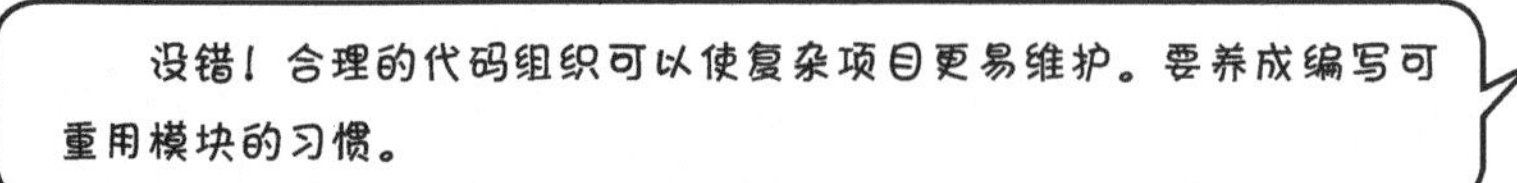

没错！合理的代码组织可以使复杂项目更易维护。要养成编写可重用模块的习惯。

明白了！我会努力学习利用模块和包组织代码。

Python 语句通过模块（Module）和包（Package）管理和组织代码。

2.4.1 模块

模块是保存代码的最小单位，一个文件 Python 就是一个模块。模块中可以声明变量、常量、函数、属性和类等 Python 程序元素。一个模块提供可以访问另外一个模块中程序的元素。

模块的命名规范：（1）使用简短的全小写英文字母；（2）为了提高可读性可以使用下画线；（3）避免与 Python 内置模块名相同。

下面通过示例介绍模块的使用。现有两个模块——module1 和 module2，两个模块中都声明相同名字的变量 Money。

module1.py 代码如下：

```
# coding=utf-8
# module2
# 代码文件 module1.py

print('进入 module1 模块')

Money = 2000          # 声明变量
xyz = 10              # 声明变量
```

module2.py 代码如下：

```
# coding=utf-8
# module2
# 代码文件 module2.py

print('进入 module2 模块')

Money = 100   # 声明变量
```

使用module1和module2中代码元素需要使用import语句实现。例如，在main.py文件中访问module1和module2模块中Money变量的示例代码如下：

```
# coding=utf-8
# 2.4.1 模块

import module1, module2   # 引入module1和module2，多个模块之间用逗号(,)分隔

print('进入main模块')
Money = 800

print("打印当前模块中Money变量", Money)
print("打印module1模块中Money变量", module1.Money)   # 访问module1中的Money变量，注意需要加
                                                    module1.前缀
print("打印module2模块中Money变量", module2.Money)  # 访问module2中的Money变量
```

上述代码执行结果如下所示。

```
进入module1模块
进入module2模块
进入main模块
打印当前模块中Money变量 800
打印module1模块中Money变量 2000
打印module2模块中Money变量 100
```

为了访问其他模块子代码，不仅需要在模块一开始使用import语句引入模块，而且要在使用其他模块中的代码元素时加前缀“模块名+.”访问。

如果觉得这样比较麻烦，可以使用from<模块名> import实现。main2.py示例代码如下：

```
    #coding=utf-8
    # 2.4.1 模块

①  from module1 import xyz                  # 引入module1模块中的xyz变量
②  from module2 import *                    # 引入module2模块中的所有代码元素

    print('进入2.7.1模块')
    Money = 800
```

```
③ print("打印当前模块中 Money 变量", Money)          # 访问当前模块中的 Money 变量
  print("打印 module1 模块中 Money 变量", Money)     # 还是访问当前模块中的 Money 变量
  print("打印 module2 模块中 Money 变量", xyz)       # 访问 module2 中的 xyz 变量
```

上述第①处是引入 module1 中的 xyz 变量，如果需要引入所有代码元素，可以使用（＊）号，见代码第②处。

使用了 from<模块名> import 语句引入后，访问代码元素时可以省略"模块名+."前缀，但是要注意不同模块中相同名字代码元素的冲突问题，例如代码第③处访问的 Money 变量还是当前模块中的 Money 变量。

2.4.2 包

如果两个模块名字相同，如何防止命名冲突呢？那就是使用包，包本质上是一种命名空间。

包的命名规范与模块相同。

2.4.3 创建包

包本质上是一个文件夹，但是该文件夹下面会有一个__init__.py 文件（注意 init 前后分别是双下画线），该文件内容是空的，作用是告诉 Python 解释器该文件夹是一个包。例如在项目中创建 pkg2 和 pkg1 两个包，图 2-2 所示是包的层次结构。

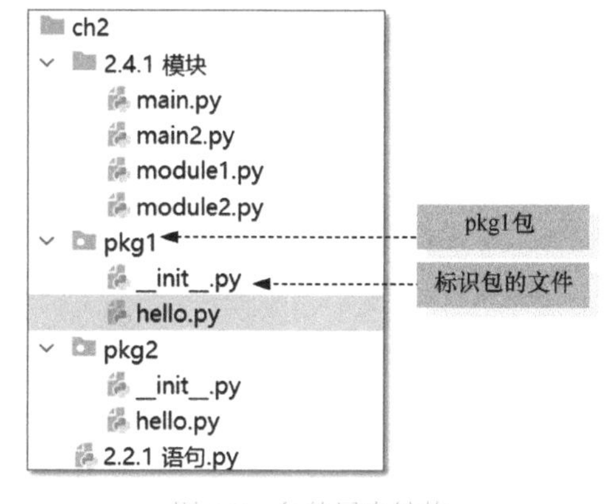

图 2-2 包的层次结构

2.4.4 引入包

包创建好后，将两个模块 hello 放到不同的包 pkg1 和 pkg2 中，如图 2-3 所示。

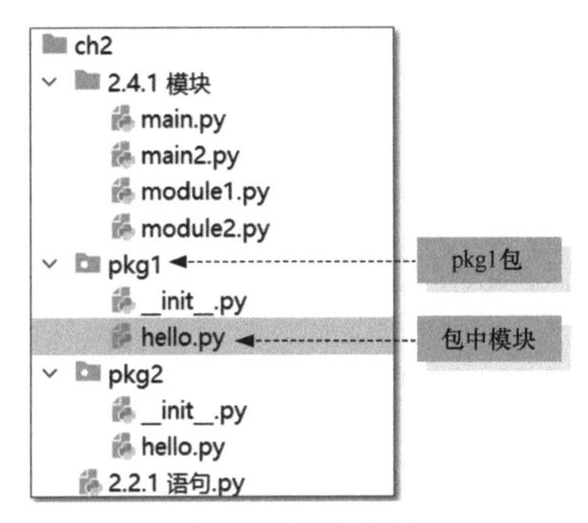

图 2-3　包中的模块

为了访问包中的代码元素，需要使用 import 语句导入包中的代码元素。

pkg1 的 hello 模块代码：

```
# coding=utf-8
# pkg1 包中 hello 模块

print('进入 pkg1.hello 模块')

Money = 2000          # 声明变量
xyz = 10              # 声明变量
```

调用 hello 模块代码：

```
# coding=utf-8
# 引入包

from pkg1.hello import xyz          # 引入 pkg1 包 hello 模块中 xyz 变量
from pkg2.hello import *            # 引入 pkg2 包 hello 模块中所有代码元素

print('进入"2.4.4 引入包"模块')
```

```
print("打印Money变量", Money)          # 访问pkg2包hello模块中Money变量
print("打印xyz变量", xyz)              # 访问pkg2包hello模块中xyz变量
```

上述代码执行结果如下所示。

```
进入pkg1.hello模块
进入pkg2.hello模块
进入"2.4.4 引入包"模块
打印Money变量 100
打印xyz变量 10
```

2.5 总结与扩展

总结扩展

总结:

在本章中，我们学习了 Python 语法的基础知识，如变量和语句结构、注释、代码缩进和换行规范，以及模块和包的组织方式。通过训练营练习，我们提高了对这些基础知识的应用能力。

1. 变量和语句结构

- 了解了变量的概念和命名规则，可以用于存储和操作数据。
- 学习了不同类型的语句结构，如赋值语句、条件语句和循环语句，用于控制程序的执行流程。

2. 注释、代码缩进和换行规范

- 掌握了如何使用注释来提供代码说明和注解。
- 了解了 Python 的代码缩进规范，即通过缩进来表示代码块的层次结构。
- 理解了 Python 的换行规范，即通过换行来分隔代码和提高代码的可读性。

3. 模块和包的组织方式

- 了解了模块的概念和用途，以及如何创建和使用模块。
- 了解了包的概念和组织方式，用于组织和管理多个相关的模块。

扩展:

掌握了这些基础知识后，我们已经为进一步学习和应用更高级的概念和技术打下了坚实的基础。在接下来的学习中，我们将深入研究字符串、列表、字典等高级数据类型，学习函数、类和模块等编程概念，从而创造更强大、更复杂的程序。

同时，还可以进一步学习 Python 的标准库和第三方库，探索其更丰富的功能和工具。参与开源项目、编程社区的交流和合作，不断实践和提升编程技能，将使我们在 Python 编程领域取得更大的成就。

2.6 同步练习

【练习 2-1】：请定义一个变量 speed，赋值为 120，并打印输出该变量。

【练习 2-2】：请在下面的代码每一行后面，使用#添加单行注释，说明这行代码的功能：

```
name = '小明'
age = 18
print(name +'今年' + str(age) +'岁')
```

【练习 2-3】：定义一个变量 greeting，值为' Hello World！'，请按 Python 风格规范的要求对代码进行格式化。

【练习 2-4】：编写一个模块 mymodule.py，在里面定义一个 say_hi( )函数，然后在另一个文件中导入并使用这个模块。

第3章 以数据之名，激荡人心——Python数据类型

老师，听说数据是编程的重心？请告诉我 Python 的数据类型有哪些吧。

没错，数据的处理是编程的核心。Python 提供了多种内置数据类型：

- 基本数据类型：如整数、浮点数、复数和布尔值等。
- 高级类型：如列表、元组、字典可组织复杂数据。

就像元素周期表集合了多种原子一样，我们要逐一了解其性质。

只有掌握数据类型及其操作，我们才能学会用 Python 处理数据，完成难度更大的任务！

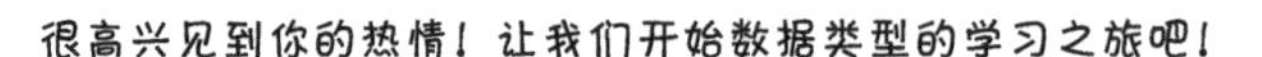

原来数据类型这么丰富！我已经迫不及待要开始学习了。

很高兴见到你的热情！让我们开始数据类型的学习之旅吧！

下面尽量用生动形象的比喻，来介绍本章的数据类型内容。

3.1 基本数据类型

基本数据类型包括整数、浮点数、复数和布尔值等。

3.1.1 整数类型

Python 整数类型为 int，整数类型的范围可以很大，可以表示很大的整数，这只受计算机硬件的限制。

默认情况下一个整数值（如 19）表示的是十进制整数。二进制数、八进制数和十六进制整数的表示方式如下。

- 二进制数：以 0b 或 0B 为前缀，注意 0 是阿拉伯数字，例如 0B10011 表示十进制 19。
- 八进制数：以 0o 或 0O 为前缀，第一个字符是阿拉伯数字 0，第二个字符是英文字母 o 或 O，例如 0O23 表示十进制 19。
- 十六进制数：以 0x 或 0X 为前缀，注意 0 是阿拉伯数字，例如 0X13 表示十进制 19。

示例代码如下：

```
int1 =0B10011        # 二进制表示的 19
int2 = 0O23          # 八进制表示的 19
int3 = 0X13          # 十六进制表示的 19
print("二进制 0B10011", int1)
print("八进制 0O23", int2)
print("十六进制 0X13", int3)
```

上述代码执行结果如下所示：

```
二进制 0B10011 19
八进制 0O23 19
十六进制 0X13 19
```

3.1.2 浮点类型

浮点类型主要用来储存小数数值，Python 浮点类型为 float，Python 只支持双精度浮点类型，而且是与本机相关的。

浮点类型可以使用小数表示，也可以使用科学计数法表示，科学计数法中会使用大写或小写的 e 表示 10 的指数，如 e2 表示 10^2。

示例代码如下：

```
float1 =0.0             # 浮点数零
float2 = 2.154327
float3 = 2.1543276e2    # 科学计数法表示浮点数
float4 = 2.1543276e-2   # 科学计数法表示浮点数

print("float1", float1)
print("float2", float2)
print("float3", float3)
print("float4", float4)
```

上述代码执行结果如下所示。

```
float1 0.0
float2 2.154327
float3 215.43276
float4 0.021543276
```

3.1.3 复数类型

复数在数学中是非常重要的概念，无论是理论物理学，还是电气工程实践中都经常使用。但是很多计算机语言都不支持复数，而 Python 是支持复数的，能够很好地用来进行科学计算。

示例代码如下：

```
complex1 =2 - 3j                # 声明实部为 2,虚部为-3 的复数
complex2 = complex(2, -3)       # 通过 complex()函数创建复数,该函数第 1 个参数是实部,第 2 个参数是虚部
complex3 = complex('2-3j')      # 通过 complex()函数创建复数,该函数参数是字符串
complex4 = complex2 + (1 + 2j)  # 两个复数加法运算
```

```
print("complex1", complex1)
print("complex2", complex2)
print("complex3", complex3)
print("complex4", complex4)
```

上述代码执行结果如下所示：

```
complex1 (2-3j)
complex2 (2-3j)
complex3 (2-3j)
complex4 (3-1j)
```

3.1.4 布尔类型

Python 中布尔类型为 bool，bool 是 int 的子类，它只有两个值：True 和 False。任何类型数据都可以通过 bool()函数转换为布尔值。

1）通过 bool()函数转换如下数据时，返回 False：None（空对象）；0；False；0.0；0j（复数）；''（空字符串）；[]（空列表）；()（空元组）和 {}（空字典）。

2）通过 bool()函数转换 1）所列举的以外的其他数据时，则返回 True。

示例代码如下：

```
   bool1 =True
   bool2 = bool(0)                # 返回布尔值 False
①  bool3 = bool('')               # 返回布尔值 False
②  bool4 = bool(' ')              # 返回布尔值 True
   bool5 = bool([])               # 返回布尔值 False
   bool6 = bool({})               # 返回布尔值 False

   print("bool1", bool1)
   print("bool2", bool2)
   print("bool3", bool3)
   print("bool4", bool4)
   print("bool5", bool5)
   print("bool6", bool6)
```

注意上述代码第①和②处的区别：''是空字符串，' '是空格字符串。

上述代码执行结果如下所示：

```
bool1 True
bool2 False
bool3 False
bool4 True
bool5 False
bool6 False
```

3.1.5 类型转换

数字类型经常会互相转换，转换分为隐式类型转换和显式类型转换两种。

1. 隐式类型转换

多个数字类型数据之间可以进行数学计算，由于参与计算的数字类型可能不同，此时会发生隐式类型转换。计算过程中隐式类型转换规则见表 3-1。

表 3-1　隐式类型转换规则

操作数 1 类型	操作数 2 类型	转换后的类型
布尔	整数	整数
布尔、整数	浮点	浮点

布尔数值可以隐式转换为整数类型，布尔值 True 转换为整数 1，布尔值 False 转换整数 0。

示例代码如下：

```
# 3.1.5-1 类型转换
# 1.隐式类型转换
b = 10 + True                    # 与整数计算时,True 转换为 1 进行计算
print(b)
b = 10.0 + 1                     # 与浮点数计算时,1 转换为 1.0 浮点数进行计算
print(type(b))                   # type()函数返回参数的数据类型
print(b)
b = 10.0 + True                  # 与浮点计算时,True 转换为 1.0 进行计算
print(b)
b = 1.0 + 1 + False              # 与浮点计算时,True 转换为 0.0 进行计算
print(b)
```

上述代码执行结果如下所示。

```
11
<class 'float'>
```

```
11.0
11.0
2.0
```

2. 显式类型转换

在不能进行隐式转换的情况下，可以使用转换函数进行显式转换，这些转换函数有 int( )、float( )和 bool( )等。

1） int( )函数可以将布尔、浮点和字符串转换为整数。布尔数值 True 使用 int( )函数返回 1，False 使用 int( )函数返回 0；浮点数值使用 int( )函数会截掉小数部分。

2） float( )函数可以将布尔、整数和字符串转换为浮点。布尔数值 True 使用 float( )函数返回 1.0，False 使用 float( )函数返回 0.0；整数值使用 float( )函数会加上小数部分（.0）。

示例代码如下：

```
# 3.1.5-2 类型转换
# 2.显示类型转换

int1 = int(False)          # 将 False 转换为整数 0
int2 = int(True)           # 将 False 转换为整数 1
int3 = int(20.26)          # 将浮点数转换为整数,小数部分被截掉
float1 = float(66)         # 将整数转换为浮点
float2 = float(False)      # 将 False 转换为 0.0
float3 = float(True)       # 将 True 转换为 1.0

print("int1", int1)
print("int2", int2)
print("int3", int3)
print("float1", float1)
print("float2", float2)
print("float3", float3)
```

上述代码执行结果如下所示：

```
int1 0
int2 1
int3 20
float1 66.0
float2 0.0
float3 1.0
```

3.2 训练营 1：基本数据类型

训练营背景描述：

在学校课堂上，老师给同学出了一些 Python 编程练习，要求如下：

1）定义变量 a、b 分别保存整数 100 和浮点数 1.23。

2）计算 a 与 b 的乘积并打印。

3）定义复数 c=5+7j 并输出其实部与虚部。

4）定义布尔变量 finished，值为 False。

5）将 finished 转换为整数并打印。

参考代码：

```
#定义整数变量 a 和浮点数变量 b
a = 100
b = 1.23

# 计算 a 和 b 的乘积
product = a * b
print(product)

# 定义复数变量 c
c = 5 + 7j

# 输出复数的实部和虚部
print(c.real)
print(c.imag)

# 定义布尔变量 finished
finished = False

# 将 finished 转换为整数
finished_int = int(finished)
print(finished_int)
```

```
#定义整数变量 a 和浮点数变量 b
a = 100
```

```
b = 1.23

#计算 a 和 b 的乘积
product = a * b
print(product)

#定义复数变量 c
c = 5 + 7j

#输出复数的实部和虚部
print(c.real)
print(c.imag)

#定义布尔变量 finished
finished = False

#将 finished 转换为整数
finished_int = int(finished)
print(finished_int)
```

上述代码执行结果如下所示：

```
123.0
5.0
7.0
0
```

3.3 高级数据类型

高级数据类型包括序列、列表、元组、集合、字典和字符串等。

3.3.1 序列

老师，什么是序列啊？这听起来很高级的样子。

序列是 Python 中一个重要的概念，简单来说就是有序排列的元素集合。

有序排列是什么意思？

就是元素中有索引顺序之分，可以通过索引来访问指定位置的元素。

我明白了，就像 C 和 Java 中的数组一样对吧？

没错，数组就是一种序列。Python 中的字符串、列表、元组都属于序列。

原来如此！字符串也是序列，所以我可以用索引获取单个字符。
老师，序列中的元素索引是怎么确定的呢？

序列是有序的，所以可以通过索引访问元素，序列中第一个元素的索引是 0，其他元素的索引是第一个元素的偏移量。可以有正偏移量，称为正向索引，如图 3-1a 所示；也可以有负偏移量，称为反向索引，如图 3-1b 所示。正向索引的最后一个元素索引是“序列长度−1”，反向索引最后一个元素索引是−1。例如字符串 Hello，它的正向索引为 0，对应 H，1 对应 e，4 对应最后的 o；反向索引为−1，对应 o，−5 对应 H。

原来索引可以正向也可以反向！而且第一个元素都是从 0 开始编号的。这真是编程中特有的概念呢。

正确，掌握了索引，就可以灵活获取序列任意位置的元素了。这在处理字符串、列表等时非常有用。

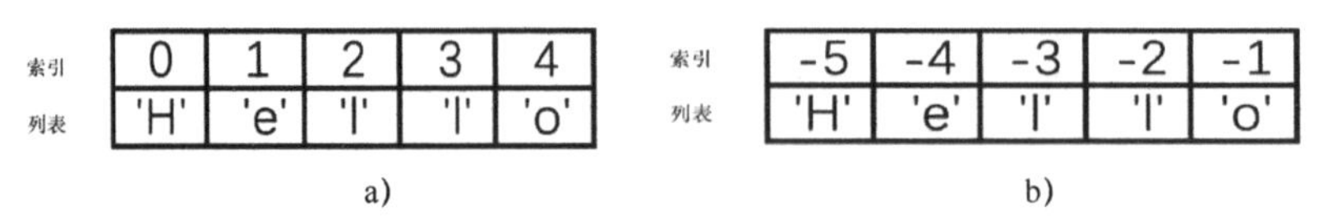

图 3-1　正偏移量和负偏移量

3.3.2 列表

列表是可以修改的序列，而元组是不可以修改的序列，下面介绍列表创建、访问列表元素以及列表的切片操作。

1. 列表创建

创建列表的最简单办法是将元素放入方括号（ [] ）中，并用逗号分隔元素，示例代码如下：

```
#1.创建列表

my_list = ['A', 0.0, 6.0, 49, 3.7, False]  #混合声明列表
print(my_list)
str_list = ['H','e','l','l','o']  #字符列表
print(str_list)
int_list = [8, 9, 6, 4, 3]  #整数列表
print(int_list)
float_list = [0.8, 0.0, 6.0, 3.789]  #浮点列表
print(float_list)
nulllist = []  #空列表
print(nulllist)
```

列表中可以存储任何类型数据，如果列表中没有任何元素，表示方式为 []。

上述代码执行结果如下所示。

```
['A', 0.0, 6.0, 49, 3.7, False]
['H','e','l','l','o']
[8, 9, 6, 4, 3]
[0.8, 0.0, 6.0, 3.789]
[]
```

2. 访问列表元素

通过索引可以访问列表中的元素，语法格式如下：

```
列表[idx]
```

其中，idx 是要访问的列表元素的索引，示例代码如下：

```
#2.访问列表元素

str_list = ['H','e','l','l','o']  #字符列表
print("str_list[0]", str_list[0])
print("str_list[1]", str_list[1])
print("str_list[4]", str_list[4])
print("str_list[-1]", str_list[-1])
print("str_list[-2]", str_list[-2])
print("str_list[-5]", str_list[-5])
print("str_list[-5]", str_list[5])  #下标越界异常
```

上述代码执行结果如下所示。

```
Traceback (most recent call last):
  File "C:\...\code\chapter3\3.3.1-2.py", line 10, in <module>
    print("str_list[-5]", str_list[5])
IndexError: list index out of range
str_list[0] H
str_list[1] e
str_list[4] o
str_list[-1] o
str_list[-2] l
str_list[-5] H
```

从运行结果可见，代码第 8 行发生了异常（IndexError：list index out of range），这种异常是下标越界异常，即试图访问超出索引范围的元素。

3. 列表切片

还可以通过切片（Slicing）操作将序列分割为小的子序列，切片运算符有两种语法形式。

- [start：end]：start 是开始索引，end 是结束索引。
- [start：end：step]：start 是开始索引，end 是结束索引，step 是步长，步长是在切片时获取元素的间隔。步长可以为正整数，也可为负整数。

由于列表也是序列，所以列表也可以进行切片操作，示例代码如下。

```
#列表切片

str_list = ['H','e','l','l','o']  #字符列表
① print("str_list[1:3]", str_list[1:3])
  print("str_list[:3]", str_list[:3])
  print("str_list[0:3]", str_list[0:3])
  print("str_list[0:]", str_list[0:])
  print("str_list[0:5]", str_list[0:5])
  print("str_list[:]", str_list[:])
② print("str_list[1:-1]", str_list[1:-1])

③ print("str_list[1:5:2]", str_list[1:5:2])
  print("str_list[0:3:2]", str_list[0:3:2])
  print("str_list[0:3:3]", str_list[0:3:3])
④ print("str_list[::-1]", str_list[::-1])
```

上述代码第①~④处的切片操作都省略了步长。

切片时使用 [start：end：step] 表达式可以指定步长（step），步长与当次元素索引、下次元素索引之间的关系如下：

下次元素索引 = 当次元素索引 + 步长。

上述代码执行结果如下所示。

```
str_list[1:3] ['e','l']
str_list[:3] ['H','e','l']
str_list[0:3] ['H','e','l']
str_list[0:] ['H','e','l','l','o']
str_list[0:5] ['H','e','l','l','o']
str_list[:] ['H','e','l','l','o']
str_list[1:-1] ['e','l','l']
str_list[1:5:2] ['e','l']
str_list[0:3:2] ['H','l']
str_list[0:3:3] ['H']
str_list[::-1] ['o','l','l','e','H']
```

4. 修改列表

列表是可以修改的序列，开发人员可以追加、删除、替换列表中的元素，示例代码如下：

```
# 3.3.1-4 修改列表

lang_list = ['Python', 'C++', 'Java']          # 字符串列表
print(lang_list)
lang_list.append('C')                           # 通过 append()函数追加元素
print(lang_list)
lang_list += ['Go', 'JavaScript']               # 通过+=运算符追加元素
print(lang_list)
lang_list.insert(1, 'Swift')                    # 在索引为 1 的位置插入元素
print(lang_list)
lang_list.append('Swift')                       # 再追加元素'Swift'
print(lang_list)
lang_list.remove('Swift')                       # 从左到右搜索,删除找到的第一个'Swift'元素
print(lang_list)
lang_list[-1] = 'Kotlin'                        # 替换最后一个元素
print(lang_list)
```

从上述代码可见，列表中可以保存任何类型元素，对元素是否重复也没有限制。

运行示例结果如下所示。

```
['Python', 'C++', 'Java']
['Python', 'C++', 'Java', 'C']
['Python', 'C++', 'Java', 'C', 'Go', 'JavaScript']
['Python', 'Swift', 'C++', 'Java', 'C', 'Go', 'JavaScript']
['Python', 'Swift', 'C++', 'Java', 'C', 'Go', 'JavaScript', 'Swift']
['Python', 'C++', 'Java', 'C', 'Go', 'JavaScript', 'Swift']
['Python', 'C++', 'Java', 'C', 'Go', 'JavaScript', 'Kotlin']
```

3.3.3 训练营 2：掌握列表操作

背景描述：

小东正在学习 Python 列表的使用。为了帮助他掌握列表的主要操作，老师给他出了一些编程练习：

1）定义一个空列表，使用 append 方法添加 3 个元素。

2）定义一个含多元素的列表，获取第 2 个和倒数第 2 个元素。

3）在一个字符串列表中，将新字符串插入索引 2 位置。

4）定义一个至少含 3 个元素的列表，pop 最后一个元素并打印。

5）用切片方法获取一个列表中索引1~3（不含3）的元素。

请你利用所学的列表知识，用Python代码帮助小东完成这些练习要求，使他的列表技能达到熟练程度。

参考代码如下：

```
#1.定义空列表,append 添加3个元素
my_list = []
my_list.append(1)
my_list.append(2)
my_list.append(3)

#2.定义带元素列表,获取第2个和倒数第2个元素
list2 = [5, 9, 6, 3]
print(list2[1])  #第2个元素,索引1
print(list2[-2])  #倒数第2个元素,索引-2

#3.字符串列表 insert 元素
texts = ['a', 'b', 'c', 'd']
texts.insert(2, 'new')  #在索引2插入'new'

#4.定义至少含3个元素的列表,使用 remove 删除最后一个元素
nums = [7, 8, 9, 10]
nums.remove(10)  #removes 10

#5.切片获取索引1~3的子列表
names = ['Tom', 'Mary', 'Jack', 'John']
sublist = names[1:3]  #['Mary', 'Jack']
```

上述代码运行结果如下所示：

```
9
6
```

3.3.4 元组

元组是不可以修改的序列，序列中索引、切片等操作也完全适合于元组，示例代码如下。

```
my_tuple1 = 'A', 0.0, 6., 49, 3.7, False  #声明元组,元素用逗号分隔
print(my_tuple1)
```

```
my_tuple2 = ('A', 0.0, 6.0, 49, 3.7, False)  # 声明元组时,有时为了防止歧义,会用小括号将元素包裹起来
print(my_tuple2)

print('my_tuple1[-1]', my_tuple1[-1])  # 访问最后一个元素
print('my_tuple1[0:2]', my_tuple1[0:2])  # 切片操作

my_tuple2[1] = "Hello World."  # 试图修改元组,引发异常
```

上述代码执行结果如下所示。

```
('A', 0.0, 6.0, 49, 3.7, False)
('A', 0.0, 6.0, 49, 3.7, False)
my_tuple1[-1] False
my_tuple1[0:2] ('A', 0.0)
Traceback (most recent call last):
  File "C:\..\code\chapter3\3.3.2.py", line 11, in <module>
    my_tuple2[1] = "Hello World."
TypeError: 'tuple' object does not support item assignment
```

元组不可以修改，所有试图修改元组中元素的操作都会引发异常。

3.3.5 训练营 3：掌握元组操作

背景描述：

小东的 Python 老师给他出了一些元组操作的练习，来帮助他掌握元组的使用方法：

1）定义混合元组，获取第二、第三个元素。

2）定义姓名元组，获取长度并打印。

3）定义可变元素元组，尝试修改第一个元素。

4）定义两个数字元组，用加法连接它们。

5）定义多个元素元组，使用拆包赋值给变量。

请你利用所学元组知识，编写 Python 代码来帮助小东完成这些练习，强化他对元组的理解和应用。

参考代码：

```
# 1.定义混合元组,获取第 2、3 个元素
tuple1 = (1, 2.5, 'hello')
print(tuple1[1])
```

```
print(tuple1[2])

#2.定义姓名元组,获取长度并打印
names = ('Jack', 'Mary', 'Tom')
length = len(names)
print(length)

#3.定义可变元素元组,尝试修改第一个元素
tuple2 = (['a', 'b'], 3)
tuple2[0][0] = 'c'  #元组内列表元素是可变类型

#4.定义两个数字元组,用 + 连接
nums1 = (1, 2, 3)
nums2 = (4, 5, 6)
nums = nums1 + nums2

#5.拆包元组
tuple3 = (1, 2, 3, 4, 5)
a, b, c, d, e = tuple3
```

上述代码运行结果如下所示：

```
2.5
hello
3
```

3.3.6 集合

集合（set）是一种可迭代的、无序的、不能包含重复元素的数据结构。

序列中的元素是有序的，可以重复出现，而集合中的元素是无序的，不能包含重复元素。序列强调的是有序，集合强调的是不重复。当不考虑顺序，而且没有重复的元素时，序列和集合可以互相替换。

创建集合与列表类似，区别在于集合元素是包裹在大括号（{}）中的，另外，采用大括号创建的集合是可变的，示例代码如下：

```
lang_set = {'Python', 'C++', 'Java'}  #创建字符串集合
print(lang_set)
```

```
lang_set.add('Swift')  #向集合中添加元素'Swift'
print(lang_set)
lang_set.add('Swift')  #再次向集合中添加元素'Swift'
print(lang_set)
lang_set.remove('Swift')  #删除元素'Swift'
print(lang_set)
```

上述代码执行结果如下所示。

```
{'Python','Java','C++'}
{'Swift','Python','Java','C++'}
{'Swift','Python','Java','C++'}
{'Python','Java','C++'}
```

从上述示例运行结果可见，无法向集合中添加相同的元素。

3.3.7 训练营 4：掌握集合操作

训练营背景描述：

小东的 Python 老师专门为他出了一系列集合操作的练习，以便帮助他掌握集合的各种用法：

1）定义一个 5 元素集合，用 add 方法添加新元素。

2）定义两个字符串集合，用“|”获取并集。

3）给定一个数字集合，用 remove 删除大于 3 的元素。

4）定义两个集合，用“<=”判断一个是否为另一个的子集。

请你充分运用集合知识，用 Python 代码帮助小东完成这些练习，使他的集合应用技能达到熟练的程度。

常见的集合操作如下。

1. 并集运算符 |

用于计算两个集合的并集，即包含两个集合中所有唯一元素的新集合。

2. 交集运算符 &

用于计算两个集合的交集，即包含两个集合都存在的元素。

3. 子集运算符 <=

用于判断一个集合是否为另一个集合的子集。

参考代码如下：

```
# 1.定义 5 元素集合,add 新元素
s1 = {1, 2, 3, 4, 5}
s1.add(6)

# 2. 两个字符串集合取并集
a = {'a', 'b', 'c'}
b = {'c', 'd', 'e'}
c = a | b

# 3. 给定数字集合,删除>3 的元素
s2 = {1, 5, 3, 7, 2}
s2.remove(5)
s2.remove(7)

# 4. 判断一个集合是否为另一个子集
s4 = {1, 2}
s5 = {1, 2, 3}
print(s4 <= s5)  # True
```

上述代码运行结果如下所示：

```
True
```

3.3.8 字典

字典（dict）是可迭代的、可变的数据结构，通过键来访问元素的数据结构。字典结构比较复杂，它是由两部分视图构成的：一个是键（key）视图；另一个是值（value）视图。键视图不能包含重复元素，而值视图可以，键和值是成对出现的。

创建字典可以使用大括号 {} 将“键：值”对包裹，“键：值”对之间用逗号分隔，示例代码如下：

```
my_dict1 = {1:'刘备', 2:'关羽', 3:'张飞'}          # 创建字典
print(my_dict1)
my_dict2 = {'name':'John', 1: [2, 4, 3]}        # 创建复杂的字典,字典中嵌套列表
print(my_dict2)

print(my_dict1[1])                # 通过 1 键访问对应的值
print(my_dict2['name'])            # 通过'name'键访问对应的值
```

上述代码执行结果如下所示。

```
{1:'刘备', 2:'关羽', 3:'张飞'}
{'name':'John', 1:[2, 4,3]}
刘备
John
```

字典中键和值可以是任何的数据类型，通过键访问值，此时键放到中括号中。

3.3.9 训练营 5：掌握字典操作

训练营背景描述：

小东的 Python 老师专门给他出了一系列字典操作的练习，以帮助他掌握字典的各种用法：

1）定义一个学生信息字典，包含姓名和年龄。

2）给定字典，用 popitem 删除最后一个键值对。

3）定义字典，检查是否包含给定键并打印 。

4）给定字典，使用更新方法添加新键值。

5）定义字典，分别迭代键、值和项。

请你充分运用字典知识，用 Python 代码帮助小东完成这些练习，使他的字典应用技能达到熟练的程度。

参考代码如下：

```
#1.定义字典存储学生信息
student = {'name':'John','age':20}
print(student)

#2.给定字典,popitem删除最后一项
dict1 = {'a':1,'b':2,'c':3}
dict1.popitem()

#3.检查字典是否包含键
dict2 = {'id':101}
key = 'id'
if key in dict2:
    print('存在')
else:
    print('不存在')
```

```
# 4. 给定字典更新一项
dict3 = {'a': 1, 'b': 2}
dict3. update({'c': 3})

# 5. 迭代字典
for key in dict3:
    print(key)  # 迭代键
for val in dict3.values():
    print(val)  # 迭代值

for item in dict3.items():
    print(item)  # 迭代键值对
```

上述代码执行结果如下所示。

```
{'name': 'John', 'age': 20}
存在
a
b
c
1
2
3
('a', 1)
('b', 2)
('c', 3)
```

3.3.10 字符串类型

由字符组成的一串字符序列称为“字符串”，字符串是有顺序的，从左到右，索引从 0 开始依次递增。Python 中字符串类型是 str。

Python 中普通字符串采用单引号“'”或“"”包裹起来表示。示例代码如下：

1. 普通字符串

```
# 3.3.10 字符串类型
# 1.普通字符串
s1 = 'Hello World'            # 使用单引号表示字符串
```

```
s2 = "Hello World"          # 使用双引号表示字符串
s3 = "Ben's World."         # 使用双引号表示字符串,其中可以包含单引号
s4 = '"世界"你好! '          # 使用单引号表示字符串,其中可以包含双引号
print("s1", s1)
print("s2", s2)
print("s3", s3)
print("s4", s4)
```

上述代码执行结果如下所示。

```
s1 Hello World
s2 Hello World
s3 Ben's World.
s4 "世界"你好!
```

2. 转义符

如果想在字符串中包含一些特殊的字符，如换行符、制表符等，在普通字符串中则需要转义，前面要加上反斜杠“\”，这称为字符转义。表 3-2 是常用的几个转义符。

表 3-2 转义符

字符表示	Unicode 编码	说明
\t	\u0009	水平制表符
\n	\u000a	换行
\r	\u000d	回车
\"	\u0022	双引号
\'	\u0027	单引号
\\	\u005c	反斜线

示例代码如下：

```
# 3.3.10 字符串类型
# 2. 转义符

s1 = 'Ben\'s World.'   # 转义单引号
s2 = "\"世界\"你好!"   # 转义双引号
s3 = 'Hello\t World'   # 转义制表符
s4 = 'Hello\\World'    # 转义反斜杠制表符
s5 = 'Hello\n World'   # 转义换行符
print("s1", s1)
```

```
print("s2", s2)
print("s3", s3)
print("s4", s4)
print("s5", s5)
```

上述代码执行结果如下所示。

```
s1 Ben's World.
s2 "世界"你好!
s3 Hello World
s4 Hello\World
s5 Hello
World
```

3. 原始字符串

如果字符串中有很多特殊字符都需要转，那么就非常麻烦，也不美观。这种情况下可以使用原始字符串（rawstring）表示，原始字符串是在普通字符串前加 r，字符串中的特殊字符不需要转义，按照字符串的本来“面目”呈现。

例如，在 Windows 系统中，tony 用户 Documents 文件夹下面的 readme.txt 文件的路径，表示如下。

C:\Users\tony\Documents\readme.txt

由于文件路径分隔也以反斜杠表示，如果在程序代码中用反斜杠来表示普通字符串的转义，就会导致路径中有很多反斜杠，容易引起混淆；而如果采用原始字符串就比较简单了。示例代码如下：

```
# 3.3.10 字符串类型
# 3. 原始字符串
# 采用普通字符串表示文件路径,其中的反斜杠需要转义
filepath1 = "C:\\Users\\tony\\Documents\\readme.txt"
# 采用原始字符串表示文件路径,其中的反斜杠不需要转义
filepath2 = r"C:\Users\tony\Documents\readme.txt"
```

4. 长字符串

如果字符串中包含了换行缩进等排版字符，可以使用三重单引号“'''”或三重双引号“"""”包裹起来，这就是长字符串。

示例代码如下：

```
#3.3.10 字符串类型
#4. 长字符串

#声明长字符串 s1
① s1 = """
           《将进酒》
    君不见,黄河之水天上来,      奔流到海不复回。
    君不见,高堂明镜悲白发,      朝如青丝暮成雪。
    人生得意须尽欢,   莫使金樽空对月。
    天生我材必有用,   千金散尽还复来。
    烹羊宰牛且为乐,   会须一饮三百杯。
    岑夫子,丹丘生,   将进酒,杯莫停。
    与君歌一曲,请君为我倾耳听。
    钟鼓馔玉不足贵,   但愿长醉不复醒。
    古来圣贤皆寂寞,   惟有饮者留其名。
    陈王昔时宴平乐,   斗酒十千恣欢谑。
    主人何为言少钱,   径须沽取对君酌。
    五花马,千金裘,   呼儿将出换美酒,
    与尔同销万古愁。
② """

print(s1)
```

上述代码①是长字符串开始，代码②是长字符串结束。在长字符串中包含了换行符和制表符等排版所需符号。示例运行结果不再赘述，读者可以自己运行感受。

5. 使用 f-string 格式字符串

在实际的编程过程中，经常会遇到将变量或表达式结果与字符串拼接到一起，并进行格式化输出的情况。例如，金额需要保留小数点后四位、数字需要右对齐等，这些都需要格式化。

Python 语言中有多种方法实现字符串格式化，笔者推荐使用 f-string 格式字符串，f-string从 Python 3.6 版本开始可用。使用 f-string 时需要在字符串前加上 f 表示，在运行时，Python 解释器会计算其中用大括号（{}）包裹起来的变量或表达。

示例代码如下：

```
#3.3.10 字符串类型
#5. 使用 f-string 格式字符串

from datetime import date  #引入 date 类
```

```
name = 'Mary'
age = 18
money = 12345.678
s1 = f'{name}芳龄是{age}岁,工资{money:.2f}。'  # :.2f 格式浮点数,四舍五入保留小数后两位。
print(s1)
s2 = f"今天日期是:{date.today()}。"  # 计算表达式 date.today()
print(s2)
```

上述代码执行结果如下所示。

```
Mary 芳龄是 18 岁,工资 12345.68。
今天日期是:2022-08-27。
```

3.3.11 训练营 6：理解原始字符串和长字符串

训练营背景描述：

小东的 Python 老师为了帮他理解字符串的不同表示方法，给他出了一系列练习：

1）定义一个包含转义字符的字符串，打印查看效果。

2）定义一个多行普通字符串，打印查看效果。

3）将练习 1）字符串改为原始字符串，打印查看区别。

4）将练习 2）字符串改为三引号长字符串，打印查看效果。

5）在长字符串中添加换行符，打印查看效果。

请你充分利用字符串知识，编写代码来帮助小东完成这些练习，加深他对字符串的理解。

参考代码如下：

```
# 1.包含转义字符的字符串
s1 = 'I\'m John'
print(s1)

# 2. 多行普通字符串
s2 = 'line1\nline2'
print(s2)

# 3. 改为原始字符串
s3 = r'I\'m John'
print(s3)
```

```
# 4. 改为三引号长字符串
s4 = '''line1
line2'''
print(s4)

# 5. 在长字符串中添加换行
s5 = '''line1
line2
line3'''
print(s5)
```

上述代码执行结果如下所示。

```
I'm John
line1
line2
I\'m John
line1
line2
line1
line2
line3
```

3.3.12 训练营 7：掌握字符串格式化

训练营背景描述：

小东的 Python 教师为了帮助他掌握字符串格式化的方法，给他出了一系列练习：

1）用%格式化语法打印名字和年龄。

2）用 str.format( )方法格式化打印名字和年龄。

3）用 f-string 格式化打印名字和年龄。

4）输入获取名字和年龄，格式化打印输出。

5）将 π 格式化输出为两位小数。

请你充分运用字符串格式化知识，编写代码来帮助小东完成这些练习，使他熟练掌握格式化方法。

参考代码如下：

```
# 1. %格式化语法
print('我的名字是%s,今年%d岁了' % ('小明', 18))

# 2. str.format()方法
print('我的名字是{},今年{}岁了'.format('小红', 25))

# 3. f-string 格式化
name = '小刚'
age = 30
print(f'我的名字是{name},今年{age}岁了')

# 4. 从输入中格式化打印
① name = input('名字:')
② age = input('年龄:')
print(f'我的名字是{name},今年{age}岁了')

# 5. 格式化输出小数
import math
print('π的值是:{:.2f}'.format(math.pi))
```

代码第①处和第②处的 input( )函数用于获取用户的输入，该函数会使程序暂停等待用户输入，然后才继续执行。

代码执行结果如下所示。

```
我的名字是小东,今年18岁了
我的名字是小红,今年25岁了
我的名字是小刚,今年30岁了
① 名字:Tom
② 年龄:28
我的名字是Tom,今年28岁了
π的值是:3.14
```

程序运行到①处和第②处时将会暂停，等待用户在控制台输入内容后按〈Enter〉键，随后程序继续执行。

3.4 总结与扩展

总结扩展

总结：

在本章中，我们学习了 Python 中的基本数据类型和高级数据类型。

1. 基本数据类型

- 学习了整数、浮点数、复数等数字类型，用于表示和处理数值数据。
- 掌握了布尔类型，用于表示真或假的逻辑值。
- 理解了字符串类型，用于表示和操作文本数据。

2. 高级数据类型

- 学习了列表，它是一种可变的有序集合，可以存储多个元素并进行增删改查操作。
- 掌握了元组，它是一种不可变的有序集合，类似于列表但元素不可修改。
- 了解了集合，它是一种无序且不重复的数据集合，可以进行集合操作等。
- 熟悉了字典，它是一种键值对的数据结构，可以通过键来访问和操作对应的值。

扩展：

除了本章介绍的数据类型，Python 还提供了其他一些数据类型和模块，如日期和时间类型、数组、堆栈、队列等。进一步学习这些数据类型和模块，可以扩展数据处理和算法设计的能力。

3.5 同步练习

【练习 3-1】：定义一个列表，包含 3 个整数，打印该列表。

【练习 3-2】：给定字符串"Hello"，获取其第一个和最后一个字符。

【练习 3-3】：定义一个字典，包含键 a、b、c，值分别是 1、2、3，打印该字典。

【练习 3-4】：给定元组（"a","b","c"），遍历打印元组中的每个元素。

【练习 3-5】：定义一个有 5 个元素的集合，判断一个指定的元素是否在这个集合中。

第 4 章 我快乐，我自由！——运算符

同学们好，欢迎来到本章！在本章中，我们将探讨不同类型的运算符。运算符在编程中起着至关重要的作用，它们可以执行各种操作，包括数学计算、比较关系、逻辑判断等。通过学习不同类型的运算符，你将能够更加灵活地操作数据和控制程序的流程。

4.1 算术运算符

Python 中的算术运算符用来组织整型和浮点型数据的算术运算，按照参加运算的操作数的不同，可以分为一元运算符和二元运算符。

4.1.1 一元运算符

Python 中有多个一元运算符，但是算数一元运算符只有一个，即-。-是取反运算符，如-b 是对 b 取反运算。

示例代码如下：

```
# coding=utf-8
# 4.1.1 一元运算符

b = 12  # 声明整数变量 b
print("b=", b)
print("-b=", -b)  # -b 是对 b 取反运算
```

上述代码执行结果如下所示：

```
b= 12
-b= -12
```

4.1.2 二元运算符

二元运算符包括+、-、*、/、%、**和//，这些运算符主要是对数字类型数据进行操作，而+和*可以用于字符串、元组和列表等类型数据操作。具体说明见表 4-1。

表 4-1 二元运算符

运 算 符	名 称	说 明	例 子
+	加	可用于数字、序列等类型数据操作。对于数字类型是求和；其他类型是连接操作	x + y
-	减	求 x 减 y 的差	x - y
*	乘	可用于数字、序列等类型数据操作。对于数字类型是求积；其他类型是重复操作	x * y

（续）

运算符	名称	说明	例子
/	除	求 x 除以 y 的商	x / y
%	取余	求 x 除以 y 的余数	x% y
**	幂	求 x 的 y 次幂	x ** y
//	地板除法	求小于 x 除以 y 商的最大整数	x // y

示例代码如下：

```
# coding=utf-8
# 4.1.2 二元运算符

print("1 + 1=", 1 + 1)
print("1 - 1=", 1 - 1)
print("3 * 2=", 3 * 2)
print("5 / 2=", 5 / 2)
print("15 % 2=", 5 % 2)
print("5 // 2=", 5 // 2)
print("-5 // 2=", -5 // 2)
print("-5 ** 2=", -5 ** 2)
print("5.5 ** 2=", 5.5 ** 2)
```

上述代码执行结果如下所示：

```
1 + 1= 2
1 - 1= 0
3 * 2= 6
5 / 2= 2.5
15 % 2= 1
5 // 2= 2
-5 // 2= -3
-5 ** 2= -25
5.5 ** 2= 30.25
```

4.2 关系运算符

关系运算是比较两个表达式大小关系的运算，它的结果是布尔类型数据，即 True 或 False。

关系运算符有 6 种：= =、! =、>、<、>=和<=，具体说明见表 4-2。

表 4-2 关系运算符

运算符	名称	例子	说明
= =	等于	x = = y	x 等于 y 时返回 True，否则返回 False
!=	不等于	x != y	与= =相反
>	大于	x > y	x 大于 y 时返回 True，否则返回 False
<	小于	x < y	x 小于 y 时返回 True，否则返回 False
>=	大于等于	x >= y	x 大于等于 y 时返回 True，否则返回 False
<=	小于等于	x <= y	x 小于等于 y 时返回 True，否则返回 False

Python 中关系运算可用于整数和浮点数数据的比较，也可用于字符串、列表和元组等数据的比较，示例代码如下。

```
# coding=utf-8
# 关系运算符

print("10 > 20", (10 > 20))  #比较整数
print("10 < y", (10 < 20))
print("10.2 >= 20.56", (10.2 >= 20.56))  #比较浮点数
print("20. == 20", (20. == 20))  #比较浮点数和整数
print('"a" < "b"', ("a" < "b"))  #比较比较字符串
```

上述代码执行结果如下所示：

```
10 > 20 False
10 < y True
10.2 >= 20.56 False
20. == 20 True
"a" < "b" True
```

4.3 逻辑运算符

逻辑运算符是对布尔型变量进行运算，其结果也是布尔型，具体说明见表 4-3。

表 4-3　逻辑运算符

运算符	名称	例子	说明
not	逻辑非	notx	x 为 True 时，值为 False，x 为 False 时，值为 True
and	逻辑与	xand y	x 和 y 全为 True 时，计算结果为 True，否则为 False
or	逻辑或	x or y	x 和 y 全为 False 时，计算结果为 False，否则为 True

示例代码如下：

```
# coding=utf-8
# 逻辑运算符

a = 0
b = 10

# 定义 fun1 函数,返回布尔值 True
def fun1():
    print('--调用 fun1--')
    return a < b

# 定义 fun2 函数,返回布尔值 False
def fun2():
    print('--调用 fun2--')
    return a == b

① if a < b or fun1():
    print("or 运算为 True")
else:
    print("or 运算为 False")

② if a <= b and fun2():
    print("and 运算为 True")
else:
    print("and 运算为 False")
```

上述代码执行结果如下所示：

```
or 运算为 True
--调用 fun2--
and 运算为 False
```

上述代码第①处中由于 a < b 为 True，所以整个表达式［a < b or fun1( )］就可以确定为 True，or 后面的表达式不会计算，也不会调用 fun1( )；另外，由于代码第代码第②处 a <= b 为 True，整个表达式［a <= b and fun2( )］还不能确定为 True，所以 and 后面的表达式还会计算，且不会调用 fun2( )。

4.4 训练营 1：熟悉算数运算符、关系运算符和逻辑运算符

背景描述：

小明开了一家水果店，主要出售苹果、梨、香蕉、葡萄这几种水果。现在需要设计一个简单的程序，可以记录购买不同水果的重量和价格。

要求：

1）设置不同水果的单价：苹果 3 元/斤、梨 5 元/斤、香蕉 4 元/斤、葡萄 8 元/斤。

2）输入客户购买的不同水果的重量。

3）计算并输出每种水果的总价。

编程要点：

1）定义不同水果的价格变量，使用赋值运算符初始化。

2）定义购买重量的变量，使用输入语句获取用户输入。

3）计算每种水果的总价，使用算术运算符计算。

4）输出结果，完成购买结算。

这个案例可以让读者练习使用算术运算符、赋值运算符、输入/输出语句等，按照业务逻辑计算结果；还可以设置不同输入数据，来多次运行测试程序。

参考代码如下：

```
# coding=utf-8

# 设置水果单价
apple_price = 3   # 苹果单价 3 元/斤
pear_price = 5   # 梨单价 5 元/斤
banana_price = 4   # 香蕉单价 4 元/斤
grape_price = 8   # 葡萄单价 8 元/斤

# 输入购买重量
apple_weight = float(input('请输入购买苹果的重量(斤):'))
pear_weight = float(input('请输入购买梨的重量(斤):'))
```

```
# 依次输入其他水果重量

# 计算总价
apple_total = apple_weight * apple_price
# 使用算术运算符计算水果总价
pear_total = pear_weight * pear_price
# 其他水果总价计算类似

# 输出结果
print('苹果总价:', apple_total)
print('梨子总价:', pear_total)
```

上述代码运行结果如下所示：

```
① 请输入购买苹果的重量(斤):6
② 请输入购买梨的重量(斤):5
   苹果总价: 18.0
   梨子总价: 25.0
```

程序运行到①处和第②处时暂停，等待用户在控制台输入内容后按〈Enter〉键，随后程序继续执行。

4.5 位运算符

位运算以二进位（bit）为单位进行运算，操作数和结果都是整型数据。位运算符包括 &、|、^、~、>>和<<，具体说明见表 4-4。

表 4-4 位运算符

运算符	名称	例子	说明
~	位反	~x	将 x 的值按位取反
&	位与	x & y	x 与 y 位进行位与运算
|	位或	x | y	x 与 y 位进行位或运算
^	位异或	x ^ y	x 与 y 位进行位异或运算
>>	有符号右移	x >> x	x 右移 x 位，高位采用符号位补位
<<	左移	x << x	x 左移 x 位，低位用 0 补位

位运算示例代码：

```
# coding=utf-8
# 位运算符

① a = 0b101  # 0b 开头数字为二进制,表示十进制数 5
② b = 0b110  # 二进制表示的十进制数 6

x = a | b  # 位或运算
③ msg = f"a | b 结果:二进制为{bin(x)},十进制为{x}。"  # 格式输出字符串
print(msg)

x = a & b  # 位与运算
msg = f"a & b 结果:二进制为{bin(x)},十进制为{x}。"
print(msg)

x = a ^ b  # 位异或运算
msg = f"a ^ b 结果:二进制为{bin(x)},十进制为{x}。"
print(msg)

x = a >> 2  # 右移 2 位
msg = f"a >> 2 结果:二进制为{bin(x)},十进制为{x}。"
print(msg)

x = a << 2  # 左移 2 位
msg = f"a << 2 结果:二进制为{bin(x)},十进制为{x}。"
print(msg)
```

上述代码执行结果如下所示。

```
a | b 结果:二进制为 0b111,十进制为 7。
a & b 结果:二进制为 0b100,十进制为 4。
a ^ b 结果:二进制为 0b11,十进制为 3。
a >> 2 结果:二进制为 0b1,十进制为 1。
a << 2 结果:二进制为 0b10100,十进制为 20。
```

上述代码第①处和第②处为两个二进制表示，其中 0b 开头的数字表示二进制数。

代码第③处 f 开头表示的字符串是 f-string 格式字符串，它的作用是实现格式化字符串输出，其中大括号（{}）中的表达式会在运行时进行计算，另外，表达式 bin(x)中的 bin 是一个函数，该函数将数字 x 表示为二进制形式输出。

4.6 训练营 2：熟悉位运算符

场景训练营背景描述：

小明正在设计一个信息安全系统，用于加密和解密用户的支付密码，以保证密码的安全性。他决定使用位运算来实现密码加密，请你帮助他完成相关代码。

要求：

1）用户设置一个 4 位数字作为支付密码，存储在一个变量中。

2）使用位运算对密码进行加密处理。

3）对加密后的密码进行解密，检查能否还原成原始密码。

知识点：

1）数字转二进制表示。

2）位运算符，与、或、异或 。

3）加密算法设计。

可以使用异或位运算设计一个简单的加密方案。分别使用两个关键数字进行异或运算。

这个场景需要应用位运算符设计加密解密算法，既考察理论知识，又能培养读者的编程能力。场景设置贴近实际，可以增强学习兴趣。

参考代码如下：

```
# coding=utf-8

# 定义密码和密钥
password = 1234
key = 5678

# 密码转二进制
① pw_bin = bin(password)[2:]

# 密钥转二进制
key_bin = bin(key)[2:]

# 使用异或运算加密
```

```
    encoded = ''
②  for i in range(len(pw_bin)):
③      encoded += str(int(pw_bin[i]) ^ int(key_bin[i]))
    print('加密后:', encoded)

    # 解密,再次异或
    decoded = ''
④  for i in range(len(encoded)):
⑤      decoded += str(int(encoded[i]) ^ int(key_bin[i]))
    print('解密后:', decoded)

⑥  if int(decoded, 2) == password:
        print('解密成功！')
    else:
    print('解密失败！')
```

上述代码执行结果如下所示。

```
加密后：00101011001
解密后：10011010010
解密成功！
```

上述代码中，第①处代码将密码（password）转换为二进制字符串，并将结果存储在名为 pw_bin 的变量中。bin（password）是将整数值转换为对应的二进制字符串表示形式。[2:]是为了去除二进制字符串前面的'0b'标识，只保留实际的二进制数字部分。

第②处代码表示一个循环，用于遍历 pw_bin 中的每个位。循环的范围是从 0 到 pw_bin 的长度减一。

第③处代码中，使用异或运算符（^）对 pw_bin 和 key_bin 对应位的值进行异或操作，并将结果转换为字符串类型后追加到 encoded 中。

第④处代码表示一个循环，用于遍历 encoded 中的每个字符。循环的范围是从 0 到 encoded 的长度减一。

第⑤处代码中，使用异或运算符（^）对 encoded 和 key_bin 对应位的值进行异或操作，并将结果转换为字符串类型后追加到 decoded 中。

第⑥处代码将解密后的二进制字符串 decoded 转换为整数，并与原始密码进行比较。如果它们相等，即解密成功，输出“解密成功!”；否则，输出“解密失败!”。

老师，请解释一下这个用位运算实现密码加密的代码，我看不太懂。

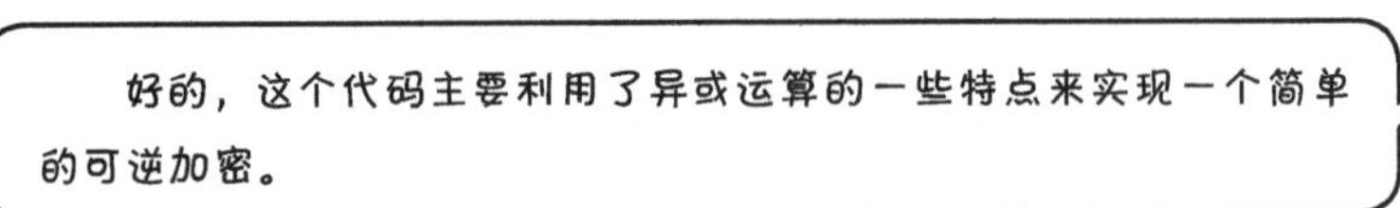

好的，这个代码主要利用了异或运算的一些特点来实现一个简单的可逆加密。

异或运算是怎么一回事啊？

异或运算的特点是两个位不同则异或结果为 1，相同则为 0。它具有对称性。

哦，我大概明白了。那为啥要用异或运算呢？

因为异或可以通过扰乱密码的二进制位来实现加密，而解密时通过再异或一次可以恢复原始密码。

原来如此，这么操作可以加密又可以解密啊。

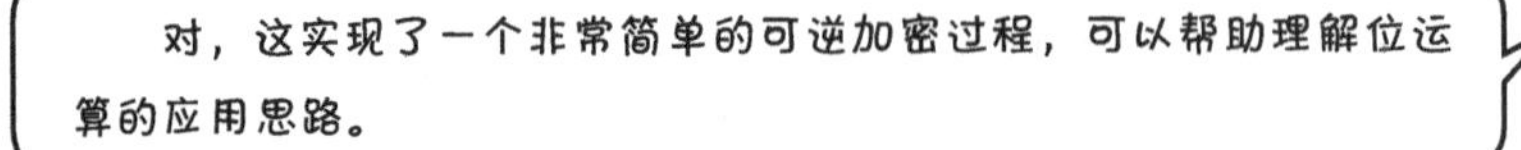

对，这实现了一个非常简单的可逆加密过程，可以帮助理解位运算的应用思路。

我知道了！等我有时间就自己实现一个，感觉位运算好神奇。

对，位运算在很多场景下都很有用，可以多练习，理解其背后的原理。

好的老师！我会多动手实践，也谢谢您耐心解释。

4.7 赋值运算符

赋值运算符只是一种简写，一般用于变量自身的变化，例如，x 与其操作数进行运算，再将结果赋值给 x，算术运算符和位运算符中的二元运算符都有对应的赋值运算符。具体说明见表 4-5。

表 4-5　赋值运算

运　算　符	名　　称	例　　子	说　　明
+=	加赋值	x +=y	等价于 x = x + y
-=	减赋值	x -=y	等价于 x = x - y
*=	乘赋值	x *=y	等价于 x = x * y
/=	除赋值	x /=y	等价于 x = x / y
%=	取余赋值	x%= y	等价于 x = x % y
**=	幂赋值	x **=y	等价于 x = x ** y
//=	地板除法赋值	x //=y	等价于 x = x // y
&=	位与赋值	x &=y	等价于 x = x&y
|=	位或赋值	x |=y	等价于 x = x|y
^=	位异或赋值	x ^=y	等价于 x = x^y
<<=	左移赋值	x <<=y	等价于 x = x<<y
>>=	右移赋值	x >>=y	等价于 x = x>>y

示例代码如下：

```
# coding=utf-8
# 赋值运算

a = 0b101  # 0b 开头数字为二进制,表示十进制数 5
b = 0b110  # 二进制表示的十进制数 6

a += b  # 相当于 a = a + b,a 结果是 11
```

```
print("a", a)

a -= b  # 相当于 a = a - b,a 结果是 5
print("a", a)
a *= b  # 相当于 a = a * b,a 结果是 30
print("a", a)

a = 10  # 重新赋值 10
b = 3  # 重新赋值 3
a %= b  # 相当于 a = a % b ,a 结果是 1
print("a", a)
a = 10  # 重新赋值 10
b = 5  # 重新赋值 5
① a /= b  # 相当于 a = a / b ,计算结果是浮点数 2.0
print("a", a)
```

上述代码执行结果如下所示。

```
a 11
a 5
a 30
a 1
a 2.0
```

上述示例代码中，读者需要注意代码第①处，这个整数进行除法运算时会转换为浮点数，其他的代码比较简单，这里不再赘述。

4.8 总结与扩展

总结扩展

总结:

本章介绍了不同类型的运算符及其用法，包括算术运算符、关系运算符、逻辑运算符、位运算符和赋值运算符。

1. 算术运算符

介绍了一元运算符++和--的使用方法，用于自增和自减操作。

详细讲解了二元算术运算符+、-、*、/等的用法，用于执行加法、减法、乘法和除法等数学运算。

强调了运算符的优先级和结合性问题，对于正确理解和编写复杂表达式至关重要。

2. 关系运算符

介绍了关系运算符>、<、==等的作用，用于比较两个值之间的关系。

注意浮点数的比较情况，需要使用适当的精度比较方法。

关系运算的结果为布尔类型，表示比较的结果是真还是假。

3. 逻辑运算符

讲解了与(&)、或(|)、非(!)等逻辑运算符的使用。

强调了短路运算的原理，其中逻辑表达式的值可能提前确定结果。

逻辑运算符可用于组合多个条件，进行复杂的条件判断。

4. 位运算符

介绍了按位与、或、异或、取反等位运算符的用法，用于对二进制位进行操作。

详细说明了移位运算<<和>>的使用方法，用于对二进制数进行左移和右移操作。

5. 赋值运算符

讲解了赋值运算符=以及组合赋值符+=、-=等的用法，用于将值赋给变量。

强调了组合赋值符的运算顺序问题，需要注意赋值的顺序和操作数的求值顺序。

扩展：

除了本章介绍的运算符类型，还有其他类型的运算符可以进一步学习，如条件运算符（三元运算符）、成员运算符、身份运算符等。了解运算符的特殊用法和技巧，以及优先级和结合性规则的应用，可以提升编程的灵活性和效率。

在实际项目中，可根据具体需求选择适当的运算符和运算方式，同时保持代码的可读性和可维护性。通过练习和实践，结合编程社区的经验分享和交流，我们可以更好地掌握各种运算符的使用，提高编码水平和解决问题的能力。

4.9 同步练习

【练习 4-1】：编写一个程序，要求用户输入两个数字，然后计算它们的和、差、乘积和商，并将结果输出。

【练习 4-2】：编写一个程序，要求用户输入两个数字，然后判断它们是否相等，并输出判断结果。

【练习 4-3】：编写一个程序，要求用户输入一个年龄，然后判断该年龄是否介于 18 到 30 岁之间（包括 18 和 30），并输出判断结果。

第 5 章 让代码通透你的心——决策语句

决策，是编程中的重要一环。在生活中，我们每天要做出各种判断和决策。吃什么、喝什么、去哪里玩、见什么人……这都需要思考和抉择。编程也需要不断做出选择。根据不同的条件，执行不同的代码块：如果 x 大于 0，打印正数；如果 x 等于 0，打印零；如果 x 小于 0，打印负数。这就需要使用 if 语句来实现。if 语句可以让程序有逻辑和判断力。

本章我们要重点学习 if 的用法，包括 if、if..else 以及 if..elif..else。

充分理解 if 的结构，将大大提升我们的编程能力，使代码更具逻辑性。

来吧，让我们一起学习 if 语句，用代码表达我们生活中的判断和选择！

5.1 if 语句

Python 中的条件语句涉及 3 个关键字：if、else 和 elif，这 3 个关键字对应条件语句的 3 种结构。

- if 结构。
- if…else 结构。
- if…elif…else 结构。

下面展开介绍一下。

5.1.1 if 结构

if 结构流程如图 5-1 所示，首先测试条件表达式，如果为 True 则执行语句组（包含一条或多条语句），否则就执行 if 语句结构后面的语句。

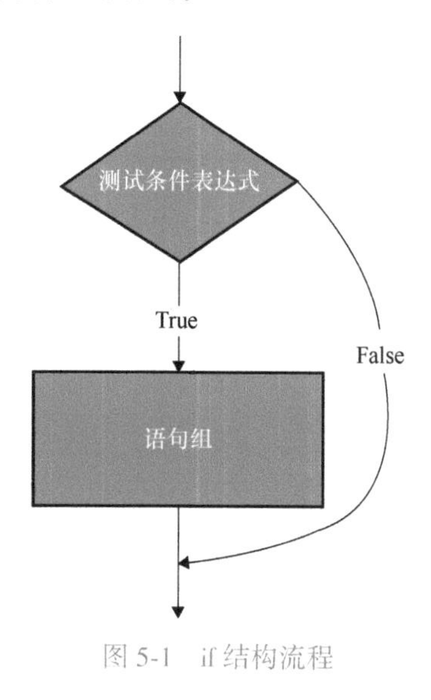

图 5-1　if 结构流程

if 结构语法如下：

```
if 条件表达式:
        语句组
```

语句组是包含一条或多条语句的 Python 语句，条件表达式之后是一个冒号（:），语句组中的语句要在同一个缩进级别。

示例代码如下：

```
# coding=utf-8
# 5.1.1 if 结构

# 声明两变量
a = 10
b = 20
if a < b:
①      print("a < b 为 True")
②      a = 800  # 给变量 a 重新赋值

③  print("结束。")  # if 语句结束后的语句
    print("a", a)  # 打印变量 a
```

上述代码执行结果如下所示。

```
a < b 为 True
结束。
a 800
```

上述代码中第①处和第②处是 if 条件表达式为 True 时执行的语句组，它们应该在同一个缩进级别。if 语句结束后执行代码第③处语句。

5.1.2 if...else 结构

if...else 结构流程如图 5-2 所示，首先测试件表达式，如果值为 True，则执行语句组 1，如果条件表达式为 False，则忽略语句组 1 而直接执行语句组 2，然后继续执行后面的语句。

if...else 结构语法如下：

```
if 条件表达式 :
    语句组 1
else :
    语句组 2
```

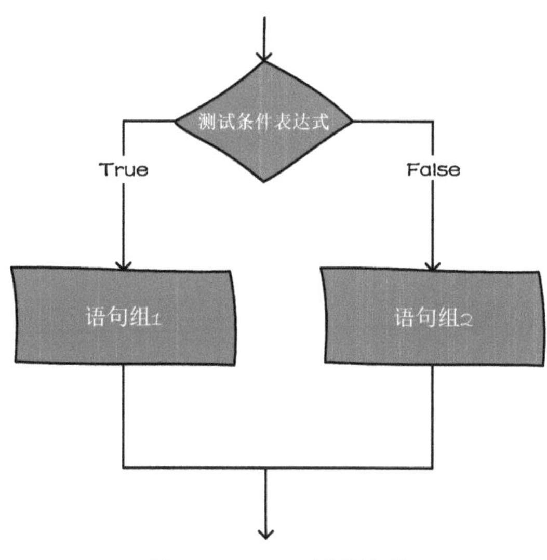

图 5-2 if...else 结构流程

示例代码如下：

```
# coding=utf-8
# 5.1.2 if...else 结构

# 声明两变量
a = 10
b = 20
if a < b:
    print("a < b 为 True")
    a = 800  # 给变量 a 重新赋值
else:
    print("a < False")

print("结束。")  # if 语句结束后的语句
print("a", a)  # 打印变量 a
```

上述代码执行结果如下所示。

```
a < b 为 True
结束。
a 800
```

5.1.3 if…elif…else 结构

如果有个分支，可以使用 if…elif…else 结构，它的流程如图 5-3 所示。

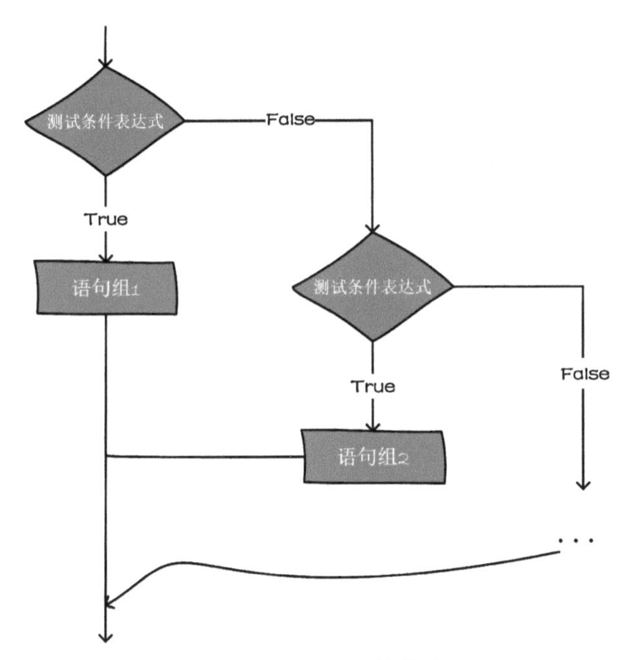

图 5-3　if…elif…else 结构流程

if…elif…else 结构语法如下：

```
if 条件 1：
    语句组 1
elif 条件 2：
    语句组 2
elif 条件 3：
    语句组 3
...
elif 条件 n：
    语句组 n
else：
    语句组 n+1
```

示例代码如下：

```
# coding=utf-8
# 5.1.3 if...elif...else 结构

# 声明两变量
① score = int(input("从控制台输入 0~100 之间整数:"))

if score >= 90:
    grade = 'A'
elif score >= 80:
    grade = 'B'
elif score >= 70:
    grade = 'C'
elif score >= 60:
    grade = 'D'
else:
    grade = 'F'

print("Grade = " + grade)
```

上述代码第①处中 input( )函数从控制台读取字符串，另外，int( )函数将字符串转换为整数。

上述代码执行结果如下所示：

```
① 从控制台输入 0~100 之间整数:89
Grade = B
```

从上述代码运行结果看，程序运行到第①处时暂停，如果输入“89”后按〈Enter〉键，程序继续执行，输出 Grade = B。

5.2 训练营：掌握 if 语句

背景描述：

小明开发了一个问答程序，可以根据用户输入的问题来显示不同的答案。

要求：

1）如果用户输入“你好”，程序回答“hello”。

2）如果输入“今天天气怎么样”，程序回答“天气不错”。

3）如果输入“我几岁了”，程序回答“我还不知道你的年龄”。

4）对于其他问题，程序回答“对不起，我还无法回答这个问题”。

可以使用 if、elif、else 来实现判断不同的输入，并返回对应的答案。

参考代码如下：

```
# coding=utf-8
# 5.2 训练营 1:掌握 if 语句

question = input("请提出一个问题:")

if question == "你好":
    print("hello")
elif question == "今天天气怎么样":
    print("天气不错")
elif question == "我几岁了":
    print("我还不知道你的年龄")
else:
    print("对不起,我还无法回答这个问题")
```

上述代码执行结果如下所示。

```
① 请提出一个问题:你好
   hello
```

从上述代码运行结果看，程序运行到第①处暂停，如果输入“你好”后按〈Enter〉键，程序继续执行，输出 hello，其中的情况测试这里不再赘述。

5.3 总结与扩展

总结扩展

总结：

本章介绍了条件语句中的 if 语句及其不同结构，包括基本的 if 结构、二选一的 if...else 结构以及多分支的 if...elif...else 结构。if 语句在编程中常用于根据条件判断执行不同的代码逻辑，帮助程序作出决策和控制流程。

扩展：

在实际应用中，条件语句的使用范围很广。除了本章介绍的 if 语句结构，还有其他类型的条件语句可供学习和探索，如 switch 语句、三元运算符等。这些条件语句可以根据具体的需求和逻辑要求选择合适的结构。

5.4 同步练习

【练习 5-1】：编写一个程序，要求用户输入一个整数，判断该数是正数、负数还是零，并输出相应的信息。

示例输出：

```
请输入一个整数:-5
-5 是负数
```

【练习 5-2】：编写一个程序，要求用户输入一个年份，判断该年份是否为闰年，并输出相应的信息。闰年的判断规则如下：

若年份能被 4 整除但不能被 100 整除，则为闰年。

若年份能被 400 整除，则也为闰年。

示例输出：

```
请输入一个年份:2024
2024 年是闰年
```

【练习 5-3】：设计一个猜数字小游戏，程序随机生成一个 1 到 100 之间的整数，玩家有 5 次机会来猜这个数字。

游戏要求：

1）每次提示玩家猜的数字是否大于/小于随机数。

2）如果猜中了打印“你猜对了”，并结束游戏。

3）如果 5 次都没猜中，打印“你失败了”。

第 6 章 编织代码的舞者
——循环语句

老师，听说循环语句很厉害，可以高效重复执行代码，是这样吗？

没错，循环语句可以让某段代码重复多次运行，非常实用。

重复运行代码听起来很神奇啊，这在编程中有什么作用呢？

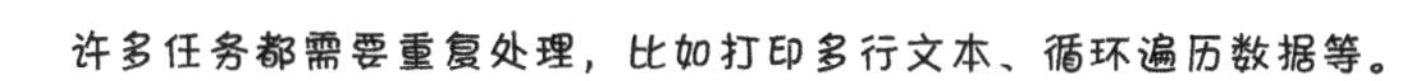

许多任务都需要重复处理，比如打印多行文本、循环遍历数据等。

请给我举个生活中的例子帮我理解一下。

就像跳舞需要重复练习某些动作和舞步一样，通过循环可以高效练习，得到进步。

原来如此，循环语句就像编程中的舞蹈步伐，可以让代码重复运转，变得流畅起来。

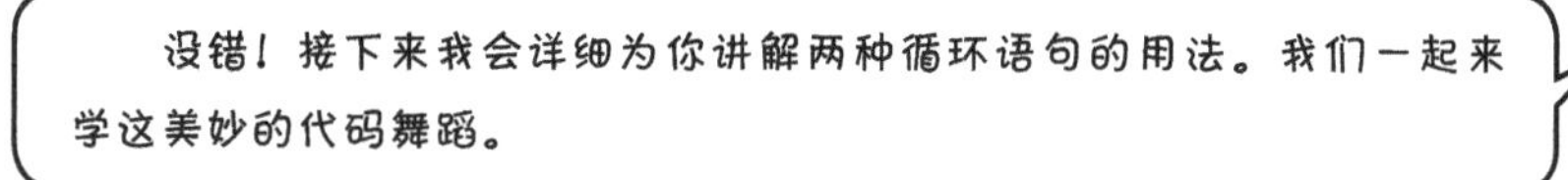

没错！接下来我会详细为你讲解两种循环语句的用法。我们一起来学这美妙的代码舞蹈。

好的老师！有您的指导，我一定可以掌握循环语句，使代码流畅优雅！

6.1 while 语句

while 语句是一种先判断的循环结构，它的流程图如图 6-1 所示，首先测试条件表达式，如果值为 True，则执行语句组；如果条件表达式为 False，则忽略语句组，继续执行后面的语句。

示例代码如下：

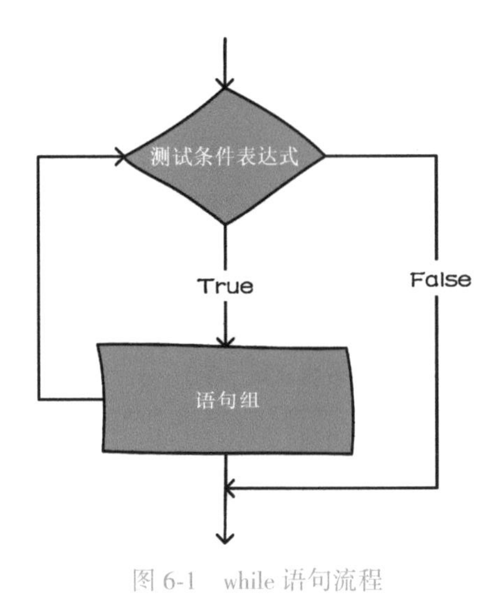

图 6-1　while 语句流程

```
# coding=utf-8

count = 0
while count < 3:
    count = count + 1
    print("Hello Python!")

print("结束。")  # while 语句结束后的语句
```

上述代码执行结果如下所示：

```
Hello Python!
Hello Python!
Hello Python!
结束。
```

6.2 训练营 1：掌握 while 语句

背景描述：

小东开发了一个打怪升级的小游戏，玩家需要打怪来获取经验值，积累到一定经验值可以升级。

规则：

1）每次打怪可随机获取 10~15 点经验。

2）升到 Level 2 需要 100 经验，升到 Level 3 需要 200 经验。

3）显示当前等级和经验值。

4）最高可升到 Level 3。

要求：

请设计一个程序，模拟玩家不断打怪获取经验值，直到升到 Level 3 为止。

可以使用 while 循环，配合随机数、if 判断逻辑计算升级过程。

这个游戏升级的背景可以充分运用 while 循环来实现，这个训练既考察 while 语法，也能训练逻辑思维能力。

参考代码如下：

```
# coding=utf-8
① import random

# 初始化等级和经验值为 1、0
level = 1
exp = 0

# 设置目标等级为 3
level_target = 3

# 当前等级还未达到目标等级时循环
while level < level_target:

    # 模拟随机获取怪物经验值
②   gain = random.randint(10, 15)

    # 累加获得的经验值
    exp += gain

    # 判断第一关升级条件
    if exp >= 100 and level == 1:
        # 满足升级条件,等级加 1
```

```
        level += 1

        # 打印升级日志信息
        print('升到 2 级！')

    # 同理判断第二关升级
    if exp >= 200 and level == 2:
        level += 1
        print('升到 3 级！')

    # 打印当前等级和经验值
    print('当前等级:', level)
    print('当前经验:', exp)
```

上述代码执行结果如下所示：

```
当前等级: 1
当前经验: 11
当前等级: 1
当前经验: 24
当前等级: 1
当前经验: 38
当前等级: 1
当前经验: 51
当前等级: 1
当前经验: 63
当前等级: 1
当前经验: 73
当前等级: 1
当前经验: 85
当前等级: 1
当前经验: 99
升到 2 级!
当前等级: 2
当前经验: 110
当前等级: 2
当前经验: 121
当前等级: 2
```

```
当前经验: 134
当前等级: 2
当前经验: 147
当前等级: 2
当前经验: 160
当前等级: 2
当前经验: 173
当前等级: 2
当前经验: 188
当前等级: 2
当前经验: 199
升到 3 级!
当前等级: 3
当前经验: 212
```

上述代码第①处导入 random 模块，以便使用其中的随机数生成函数，代码第②处模拟随机获取怪物经验值，其中 random.randint(10,15)语句随机生成一个介于 10 和 15 之间的整数作为获得的经验值。

6.3 for 语句

Python 语言中 for 语句用于遍历序列类型，序列包括字符串、列表和元组。

for 语句的一般语法格式如下：

```
for 迭代变量 in 序列 :
    语句组
```

“序列” 表示所有的实现序列的类型都可以使用 for 循环。“迭代变量” 是从序列中迭代取出的元素。

示例代码如下：

```
# coding=utf-8

str1 = "Hello"  # 声明字符串,字符串是序列类型
for item in str1:
    print(item)  # 打印序列中的元素

print("结束。")  # for 语句结束后的语句
```

上述代码执行结果如下所示：

```
H
e
l
l
o
结束。
```

6.4 训练营2：掌握for语句

背景描述：

小东是一名编程爱好者，他喜欢收集并学习不同编程语言的特性。他正在创建一个编程语言的收藏夹，用来收集多个编程语言的名称和特点。

要求：

请设计一个程序，使用for语句遍历小东收藏夹中的编程语言，并输出每个编程语言的名称和特点。

- 可以将编程语言及其特点组成字典或二维列表的形式，作为小东的收藏夹数据。
- 使用for语句遍历收藏夹中的数据，并逐个输出编程语言的名称和特点。

这个案例背景可以很好地展示for语句的应用，帮助练习者理解如何使用for语句遍历可迭代对象并执行相应的操作。

参考代码如下：

```
    # coding=utf-8
① programming_languages = {
        "Python": "简洁、易读易学的高级编程语言",
        "Java": "面向对象的编程语言,广泛用于企业级应用开发",
        "JavaScript": "用于网页开发的脚本语言,与 HTML 和 CSS 一起构建动态网页",
        "C++": "通用的高级编程语言,适用于系统开发和性能要求较高的应用",
        "Ruby": "简洁优雅的编程语言,强调开发人员的幸福",
        "Go": "专注于高效、可靠的系统编程的开源编程语言"
  }
```

```
    print("小明的编程语言收藏夹:")
② for language, description in programming_languages.items():
        print("语言名称:", language)
        print("特点:", description)
③       print()
```

上述代码执行结果如下所示：

```
小东的编程语言收藏夹:
语言名称: Python
特点: 简洁、易读易学的高级编程语言

语言名称: Java
特点: 面向对象的编程语言,广泛用于企业级应用开发

语言名称: JavaScript
特点: 用于网页开发的脚本语言,与 HTML 和 CSS 一起构建动态网页

语言名称: C++
特点: 通用的高级编程语言,适用于系统开发和性能要求较高的应用

语言名称: Ruby
特点: 简洁优雅的编程语言,强调开发人员的幸福

语言名称: Go
特点: 专注于高效、可靠的系统编程的开源编程语言
```

上述代码第①处 programming_languages 是声明一个字典，用于存储编程语言及其特点。每个编程语言作为键，对应的特点作为值。

代码第②处通过 for 循环语句遍历 programming_languages 字典中的键值对。items( )方法用于获取字典的键值对，并将每对键值分别赋值给 language 和 description 变量。

代码第③处 print( )打印空行，用于增加输出的可读性。

6.5 break 语句

break 语句可用于 while 或 for 循环，它的作用是强行退出循环体，不再执行循环体中剩余的

语句。

示例代码如下：

```
# coding=utf-8

numbers = [43, 32, 53, 54, 75, 7, 10]  # 声明一个列表
for item in numbers:
    # 跳出循环
    if item == 53:  # 判断元素是否是 53
        break
    print(item)  # 打印元素

print("结束。")  # for 语句结束后的语句
```

上述代码执行结果如下所示。

```
43
32
结束。
```

6.6 训练营 3：掌握 break 语句

背景描述：

小东正在开发一个用户注册程序，在注册时需要验证用户名是否已存在。

要求：

实现一个程序，包含已注册用户的列表，输入用户名后检查是否已存在。

- 如果存在，打印“用户名已被使用”并退出程序。
- 如果不存在，打印“注册成功”。

可以使用 for 循环遍历用户列表，配合 break 语句在找到匹配时退出循环。

这种查找后立即退出循环的场景非常适合使用 break 语句，既可以考察 break 语法，也可以培养逻辑思维能力。

参考代码如下：

```
# coding=utf-8
usernames = ['john', 'amy', 'bob', 'alice']
username = input('请输入用户名:')
# 遍历用户名列表
for name in usernames:
    # 如果输入的用户名已存在
    if name == username:
        # 打印提示消息
        print('用户名已被使用')
        # 使用 break 退出循环
        break
else:
    # 如果循环正常结束,打印注册成功
    print('注册成功')
```

上述代码执行结果如下所示。

```
请输入用户名:Tom
注册成功
```

6.7 continue 语句

continue 语句用来结束本次循环，跳过循环体中尚未执行的语句，接着进行终止条件的判断，以决定是否继续循环。

示例代码如下：

```
# coding=utf-8

numbers = [43, 32, 53, 54, 75, 7, 10]  # 声明一个列表
for item in numbers:
    # 跳出循环
    if item % 2 == 0:  # 判断元素是否是偶数
        continue
    print(item)  # 打印元素

print("结束。")  # for 语句结束后的语句
```

上述代码执行结果如下所示。

```
43
53
75
7
结束。
```

上述代码中表达式 item % 2 == 0 用于判断是否为偶数，但是打印的是奇数。

6.8 训练营 4：掌握 continue 语句

背景描述：

小东是一名学生，他想统计自己在一次考试中的成绩。他收集了多个学科的考试成绩，但对成绩低于 60 分的科目不感兴趣。

要求：

请设计一个程序，使用 continue 语句跳过成绩低于 60 分的科目，并计算平均成绩。

- 可以使用一个列表或字典来存储学科和对应的考试成绩。
- 使用 continue 语句跳过成绩低于 60 分的科目。
- 计算平均成绩时，需要考虑有效的科目数量。

这个案例可以很好地展示 continue 语句的应用，帮助练习者理解如何使用 continue 语句跳过指定条件的循环迭代，从而实现特定的逻辑控制。

参考代码如下：

```
# coding=utf-8

# 定义学科和对应的考试成绩
subject_scores = {
    "数学": 85,
    "英语": 78,
    "物理": 92,
    "化学": 55,
    "历史": 88
}

# 初始化变量
```

```
total_score = 0
valid_subjects = 0

# 遍历学科和成绩
for subject, score in subject_scores.items():
    # 跳过成绩低于 60 分的科目
    if score < 60:
        continue

    # 计算总成绩和有效科目数量
    total_score += score
    valid_subjects += 1

    # 打印合格科目及其成绩
    print(subject, ":", score)

# 计算平均成绩
average_score = total_score / valid_subjects

# 打印平均成绩
print("平均成绩:", average_score)
```

上述代码执行结果如下所示。

```
数学 : 85
英语 : 78
物理 : 92
历史 : 88
平均成绩: 85.75
```

6.9 总结与扩展

总结扩展

总结:

- while 循环和 for 循环分别用于根据条件和遍历序列对象重复执行代码块。

- break 语句用于立即退出循环体，继续后续流程。
- continue 语句用于跳过当前循环，进入下一次循环。
- 合理利用循环语句可以提高程序的效率。
- 设计合理的循环条件，有助于避免死循环或漏掉数据。
- 循环的嵌套使用可以解决更复杂的问题。
- 可以使用调试工具分析和定位循环代码的错误。
- 在项目实践中不断应用循环语句，有助于提升编程能力。

扩展：

除了学习本章介绍的基本循环语句外，还可以进一步学习其他高级循环技巧，如列表推导式、生成器和迭代器等。

同时，还可以参与编程社区、阅读源代码和开源项目，从他人的实践中学习循环语句的优化和最佳实践，不断提升编程技能。

总之，循环语句是一项重要的编程技巧，需要通过实践来掌握和应用。希望这些总结和建议可以帮助大家更好地学习和应用循环语句。

6.10 同步练习

【练习 6-1】：设计一个程序，使用 while 循环计算 1 到 100 之间所有奇数的和，并打印结果。

【练习 6-2】：设计一个程序，使用 for 循环遍历一个字符串，统计该字符串中字母 A 的个数，并打印结果。

【练习 6-3】：设计一个程序，使用 while 循环生成一个九九乘法表，并打印结果。

【练习 6-4】：设计一个程序，使用 for 循环遍历一个列表，将列表中的每个元素打印出来，并在元素前加上索引值。

第 7 章 一个人的独角戏，一群人的协奏曲——函数

老师，我感觉函数应该是一个很重要的编程概念吧？

你的感觉非常准确！函数确实是 Python 中非常重要和强大的一个功能。

那能不能用一个生动形象的比喻帮我深入理解一下函数的作用和好处呢？

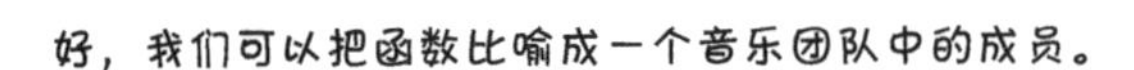

好，我们可以把函数比喻成一个音乐团队中的成员。

音乐团队？这跟代码有什么关系呢？

你想，一个专业的乐队通常由歌手、吉他手、鼓手等多个成员组成。每个成员都有自己的位置和任务，比如鼓手负责打鼓、吉他手负责弹奏吉他。

嗯嗯，我明白了，每个人都是团队的一分子，做好自己的那部分工作。

对！编程中的函数也是一个个功能模块，每个函数实现某个具体的任务，就像乐队中的成员。我们把这些函数组织起来，就可以像乐队合作演奏一样，最终完成很多复杂的功能。

这个比喻让我领会到了函数的作用！编程也是团队合作的过程，函数就像团队中的各个成员，每个人为共同的目标贡献自己的力量。

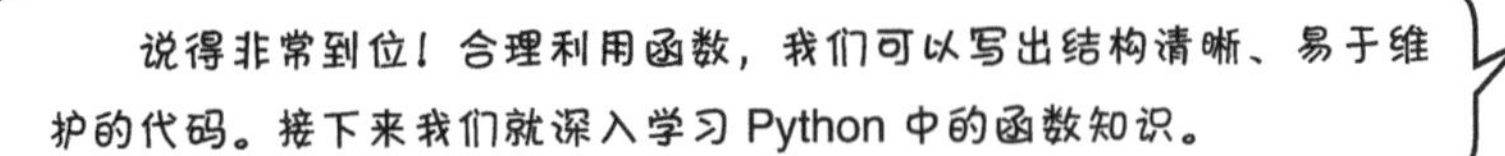

说得非常到位！合理利用函数，我们可以写出结构清晰、易于维护的代码。接下来我们就深入学习 Python 中的函数知识。

好的，我已经迫不及待了！

7.1 用户自定义函数

Python 官方提供的函数，称为内置函数（Built-in Functions，缩写 BIF），如 len()、min()和max()等，此外，我们也可以自己定义函数，这就是用户自定义函数，本节介绍用户自定义函数的用法。

自定义函数的语法格式如下：

```
def 函数名(参数列表)：
    函数体
    return 返回值
```

定义函数要注意如下问题。

1）定义函数使用关键字 def。

2）函数名需要符合标识符命名规范；多个参数列表之间可以用逗号（,）分隔，当然函数也可以没有参数。

3）如果函数有返回数据，就需要在函数体最后使用 return 语句将数据返回；如果没有返回数据，则函数体中可以使用 return None 或省略 return 语句。

函数定义示例代码如下：

```
# coding=utf-8

① def greet(name):  # 定义函数
②     """ 该函数是一个问候函数,参数 name 是人名 """  # 文档注释

      msg = "嗨! " + name + "早上好!"
      return msg  # 函数返回数据

  print(greet('刘备'))  # 调用函数
  print(greet('诸葛亮'))  # 调用函数
  print("完成。")
```

上述代码执行结果如下所示：

```
嗨! 刘备早上好!
嗨! 诸葛亮早上好!
完成。
```

7.2 函数参数

上述代码第①处是定义 greet 函数，该函数有一个参数 name，代码第②处是文档注释，文档注释用于在生成文档时使用，注释的内容被包裹在三重双号（"""）中。

7.2.1 带有默认值的参数

有时候，在定义函数时还可以为参数提供默认值，当调用该函数时，如果未传递该参数则会使用默认值。

示例代码如下：

```
# coding=utf-8

① def greet(name='关羽'):  # 定义函数
      """ 该函数是一个问候函数,参数 name 是人名 """  # 文档注释

      msg = "嗨! " + name + "早上好!"
      return msg  # 函数返回数据

② print(greet())  # 未传递参数调用函数
   print(greet('刘备'))  # 调用函数
   print(greet('诸葛亮'))  # 调用函数
   print("完成。")
```

上述代码执行结果如下所示。

```
嗨！关羽早上好！
嗨！刘备早上好！
嗨！诸葛亮早上好！
完成。
```

上述代码第①处是定义函数，在定义函数时，通过 name='关羽' 形式为参数 name 提供默认值。在调用该函数时，如果未给 name 参数提供实际参数（简称“实参”），则使用默认值。

7.2.2 多参数函数

如果函数有多个参数，在调用时可以有两种传递参数的方式。

- 基于参数位置传递，也称位置参数。
- 基于参数名传递，也称关键字参数。

示例代码如下：

```
# coding=utf-8

① def rect_area(width, height):
      """
      该函数用来计算矩形面积,
      参数 width 是矩形宽度,参数 height 是矩形高度
      """
      area = width * height
      return area

② r_area = rect_area(320.0, 480.0)  # 基于参数位置传递调用
  print(f'320×480 的矩形面积:{r_area:.2f}')
③ r_area = rect_area(width=20, height=30)  # 基于参数名传递调用
  print(f'20×30 的矩形面积:{r_area}')
④ r_area = rect_area(20, height=30)  # 混合传递调用
  print(f'20×30 的矩形面积:{r_area}')

⑤ r_area = rect_area(width=20, 30)  # 语法错误
```

上述代码执行结果如下所示。

```
  File "C:\...\code\chapter4\7.2.2 多参数函数.py", line 19
    r_area = rect_area(width=20, 30)          # 语法错误
                                 ^
SyntaxError: positional argument follows keyword argument
```

上述代码第①处定义了 rect_area 函数，注意它有两个参数，第 1 个参数是 width，第 2 个参数是 height；代码第②处是按照参数位置传递实参，即 320.0 对应 width，480.0 对应 height；代码第③处是按照参数名传递实参，语法形式是 key = value，key 是参数名，value 是实参值。

代码第④处是位置参数和关键字参数的混合传递，但是如果其中一个参数采用了关键字参数传递，在它之后的参数不能采用位置传递，否则会发生错误，见代码第⑤处。

7.3 函数变量作用域

变量是有作用范围的，称为作用域，按照作用域划分的变量分为两种：

1）局部变量：在函数中声明的变量，它的作用域就是当前的代码块，超过这个范围则变量失效。

2）全局变量：在模块中声明的变量，它的作用域是整个模块。

示例代码如下：

```
# coding=utf-8
abc = 10  # 创建全局变量 abc

def show_info():
    abc = 30  # 创建局部变量 abc
①   print("abc=", abc)

# 调用 show_info 函数
show_info()
print("abc=", abc)
```

上述代码执行结果如下所示：

```
abc= 30
abc= 10
```

在函数中创建的 abc 变量与全局变量 abc 名字相同，在函数作用域内局部变量 abc 会屏蔽全局变量 abc，当函数结束后局部变量作用域失效，所以代码第①处访问的还是全局变量 abc。

Python 提供了一个 global 关键字，可以把局部变量的作用域变成全局作用域。

修改上述示例代码如下：

```
# coding=utf-8
abc = 10  # 创建全局变量 abc

def show_nfo():
①   global abc  # 声明局部变量 abc 为 global
    abc = 30  # 修改变量 abc
```

```
②      print("abc=", abc)

    # 调用 show_info 函数
    show_info()
    print("abc=", abc)
```

上述代码执行结果如下所示。

```
abc= 30
abc= 30
```

代码第①处是在函数中声明 abc 变量作用域为全局变量，此次修改 abc 变量后，代码第②处访问 abc 变量时，则输出 30。

7.4 匿名函数与 lambda 函数

老师，什么是匿名函数和 lambda 表达式呢？

匿名函数就是没有具体名称的函数，通常使用 lambda 表达式来创建。

lambda 表达式是什么？听起来很高端的样子。

哈哈，lambda 表达式其实很简单，它是创建匿名函数的一种方式，基本语法如下：
lambda 参数列表： 表达式

假设要编写一个计算双倍数值的函数，通常使用匿名函数来实现，代码如下：

```
# coding=utf-8

def double(x):
```

```
    """ 计算 x 的双倍函数 """
    return x * 2

print(double(10))
print(double(1.25))
```

上述代码执行结果如下所示：

```
20
2.5
```

上述代码如果使用 lambda 表达式实现，代码如下：

```
    # coding=utf-8

①  doubx = lambda x: x * 2  # 计算 x 的双倍 lambda 函数

    print(doubx(10))
    print(doubx(1.25))
```

上述代码执行结果如下所示。

```
20
2.5
```

上述代码第①处声明了 lambda 函数，返回值 doubx 事实上就是一个函数，因此表达式 doubx (10) 和 doubx(1.25) 都是在调用 lambda 函数。

7.5 训练营 1：熟悉匿名函数

假设我们正在开发一个统计数字特征的程序，需要创建一个简单功能，来判断一个数字是否为偶数。

我们可以使用 lambda 表达式来创建这个匿名函数：

```
is_even = lambda x: x % 2 == 0
```

这里的 lambda 函数接收一个数字 x 作为参数。在函数体中使用 x % 2 == 0 来判断这个数字除以 2 的余数是否为 0。如果余数为 0，说明该数字是偶数。

然后我们可以在程序中这样使用这个匿名函数：

```
print(is_even(10))  # True
print(is_even(7))  # False
```

输入不同的数字，可以判断其是否为偶数。

7.6 生成器

老师，你之前提到过生成器，听起来很高大上呢，它到底是什么？

生成器（Generator）是 Python 中的一种特殊函数，它可以用来创建迭代器。

迭代器我知道是可迭代对象的一种，那生成器函数有什么特点呢？

生成器函数不同于普通函数，它包含 yield 关键字。调用生成器函数不会立即执行，而是返回一个生成器对象。每次调用这个对象的 next( ) 方法，函数会执行到下一个 yield 语句，返回对应的结果。

这么说生成器函数会分多次执行？不是像普通函数那样一次调用执行完的？

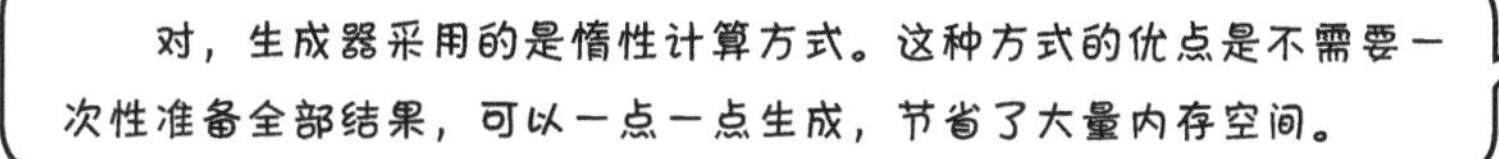

对，生成器采用的是惰性计算方式。这种方式的优点是不需要一次性准备全部结果，可以一点一点生成，节省了大量内存空间。

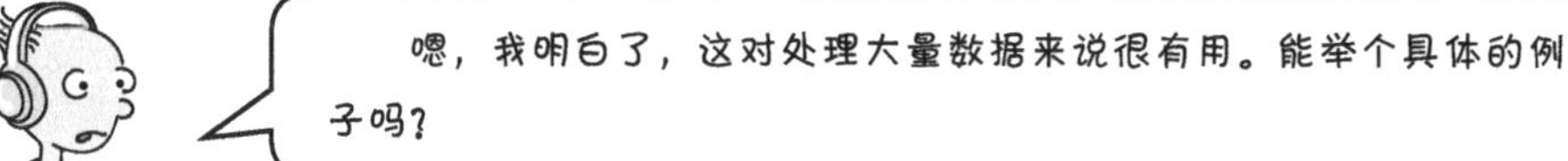

嗯，我明白了，这对处理大量数据来说很有用。能举个具体的例子吗？

可以的，比如我们想要打印 1 到 3 这几个数，示例代码如下：

```python
# coding=utf-8

def my_generator():
    yield 1
    yield 2
    yield 3

gen = my_generator()
print(next(gen))  # 打印 1
print(next(gen))  # 打印 2
print(next(gen))  # 打印 3
```

上述代码执行结果如下所示。

```
1
2
3
```

上述代码每次调用 next（gen）时，函数会执行到下一个 yield 语句，所以可以分批返回结果。

原来生成器是这样实现的！明白它的关键特点了，谢谢老师。

不客气，生成器是很有用的工具，要在适当场景下灵活运用。

7.7 训练营 2：了解生成器

背景描述：

生成斐波那契数列的前 n 个数字。斐波那契数列是一个经典的数列，它以递归的方式定义：前两个数字是 0 和 1，从第三个数字开始，每个数字都是前两个数字的和。

通过创建一个生成器函数，我们可以以延迟计算的方式逐步生成这个数列，而不需要一次性计算和存储所有的值。生成器的特性使得我们可以节省内存，并能够处理大规模的斐波那契数列或需要无限序列的情况。

参考代码如下：

```
# coding=utf-8
def fibonacci_generator(n):
    a, b = 0, 1
    for _ in range(n):
        yield a
        a, b = b, a + b

# 使用生成器函数生成斐波那契数列的前 10 个数字
fibonacci = fibonacci_generator(10)
for num in fibonacci:
    print(num)
```

上述代码执行结果如下所示。

```
0
1
1
2
3
5
8
13
21
34
```

7.8 高阶函数

老师，什么是高阶函数啊？ 听起来很高端的样子。

高阶函数就是参数是函数或者返回值是函数的函数。

参数和返回值可以是函数？这和普通函数不一样吗？

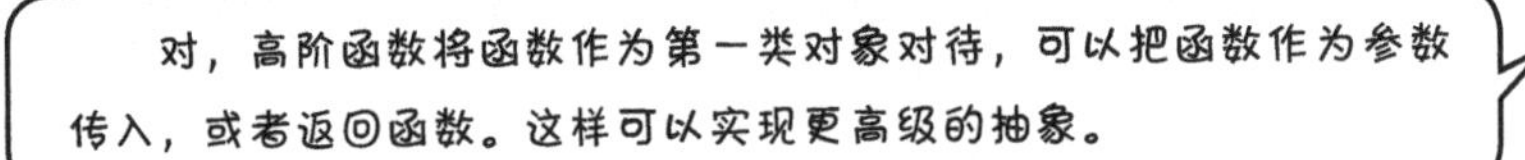

对，高阶函数将函数作为第一类对象对待，可以把函数作为参数传入，或者返回函数。这样可以实现更高级的抽象。

能举个例子吗？我还不太理解。

比如 Python 内置的 map( ) 函数，它接收两个参数：一个函数和一个可迭代对象。map 会将传入的函数作用在可迭代对象的每一个元素上。

```
items = [1, 2, 3]
squared = map(lambda x: x**2, items)
```

这里我们传入了一个 lambda 函数，map 处理后返回了一个包含元素平方的新列表。

原来如此，这种高阶函数就可以对数据进行批处理操作呀。

Python 语言提供了很多内置高阶函数，其中 filter( ) 和 map( ) 最为常用，下面详细介绍这两个函数的使用方法。

7.8.1 filter( ) 函数

filter( ) 函数用于过滤数据，它可以对可迭代对象（序列、集合和字典等）中的元素进行过滤，然后返回一个过滤后的迭代对象，filter( ) 函数语法如下：

```
filter(function, iterable)
```

filter( ) 返回生成器对象，其中参数 function 是一个函数，参数 iterable 是可迭代对象。filter( ) 函数调用时 iterable 会被遍历，它的元素逐一传入 function 函数，function 函数返回布尔值，在 function 函数中编写过滤条件，判断为 True 的元素被保留，判断为 False 的元素被过滤掉。

例如，有如下这样的一个列表：

```
in_list = [1, 2, 4, 5, 7, 8, 10, 11]
```

如果想找出其中的偶数元素列表：

```
[2, 4, 8, 10]
```

那么使用 filter( )函数实现代码如下：

```
    # coding=utf-8

    # 声明一个输入列表
    in_list = [1, 2, 4, 5, 7, 8, 10, 11]

    # 通过 filter()函数过滤 in_list 列表,其中第 1 个参数是 lambda 函数
    filter_obj = filter(lambda num: (num % 2) == 0, in_list)
    print(filter_obj)

①   out_list = list(filter_obj)   # 从 filter_obj 对象中提取数据,并转换为列表对象
    print(out_list)

②   out_list = list(filter_obj)   # 再次从 filter_obj 对象中提取数据
    print(out_list)   # 打印列表对象为空
```

上述代码执行结果如下所示：

```
<filter object at 0x0000021F65B33F10>
[2, 4, 8, 10]
[]
```

从执行结果可见，filter( )函数返回值 filter_obj，本质上是一种生成器（generator）对象，因此需要从 filter_obj 对象中提取数据，并通过 list 函数( )将其转换为列表（见代码第①处）。由于在代码第①处提取了一次生成器对象中的数据，因此在代码第②处试图再次提取数据时，将无法提取数据。

7.8.2 map( )函数

数据的映射操作可以使用 map( )函数实现，它可以对可迭代对象进行变换，然后返回一个

变换后的迭代对象，map( )函数语法如下：

```
map(function, iterable)
```

map( )返回生成器对象，其中参数function是一个函数，参数iterable是可迭代对象。map( )函数调用时iterable会被遍历，它的元素逐一传入function函数，在function函数中对元素进行变换。

下面通过一个示例介绍map( )函数的使用。

例如，有如下这样的一个列表：

```
[1, 2, 4, 5, 7, 8, 10, 11]
```

如果想获得其中元素3次方的元素列表：

```
[2, 4, 8, 10]
```

那么使用map( )函数实现代码如下：

```
# coding=utf-8

# 声明一个输入列表
in_list = [1, 2, 4, 5, 7, 8, 10, 11]

# 通过 filter()函数过滤 in_list 列表,其中第 1 个参数是 lambda 函数
map_obj = map(lambda num: num ** 3, in_list)
print(map_obj)

out_list = list(map_obj)  # 从 map_obj 对象中提取数据,并转换为列表对象
print(out_list)

out_list = list(map_obj)  # 再次从 map_obj 对象中提取数据
print(out_list)  # 打印列表对象为空
```

上述代码执行结果如下所示。

```
<map object at 0x0000026BFFE33700>
[1, 8, 64, 125, 343, 512, 1000, 1331]
[]
```

从执行结果可见，map( )函数返回值map_obj，本质上也是生成器对象，因此它也只能提取一次数据。

7.9 总结与扩展

总结扩展

总结：

- 用户自定义函数：使用 def 语句定义函数，提高代码复用性和模块化。
- 函数参数：包含位置参数、默认参数、关键字参数和可变参数等，支持灵活的传参方式。
- 变量作用域：全局变量和局部变量。
- 匿名函数：使用 lambda 创建简单的匿名函数。
- 高阶函数：参数或返回值是函数的高阶抽象函数。
- 生成器函数：使用 yield 实现延迟计算的生成器。

函数是 Python 中最重要的编程结构之一，合理利用函数可以让代码更加简洁、模块化和易于维护。

扩展：

- functools 模块：偏函数、装饰器等高阶函数。
- 返回函数的高阶用法：闭包、装饰器。
- 递归函数：利用自身调用解决数学和算法问题。

7.10 同步练习

【练习 7-1】：封装一个计算乘法的函数 mul，接收两个参数并返回相乘结果。
【练习 7-2】：定义一个函数 countdown，接收一个参数 n，实现倒数计数打印功能。
【练习 7-3】：实现一个只保留列表中的正数的过滤函数 positive。
【练习 7-4】：用生成器函数实现一个可产生 2~3 之间无限随机数的生成器。

第 8 章 唯美的艺术——面向对象

老师，听说 Python 支持面向对象编程，什么是面向对象啊？

面向对象编程是一种代码组织和抽象的方法，可将数据和操作封装为对象。

对象是什么？

对象是类的一个具体实例，它包含数据属性和功能方法。类是创建对象的蓝图。

这听起来很抽象，能举个例子吗？

例如，我们可以创建一个人的类，有名字、年龄等属性，有讲话、唱歌等方法。然后根据这个类创建出不同的人对象，他们的数据和行为都来自类的定义。

哦，我明白了！类像是一个模具，对象是从这个模具中创建出来的东西。

正确！我们还可以使用继承创建新的子类，子类获得父类的属性和方法。面向对象编程可以帮助我们更好地组织代码。

很好理解！我迫不及待要学习面向对象的知识了。

加油！这一章会全面介绍面向对象编程在 Python 中的用法。

8.1 声明类

面向对象编程的第一步就是声明类，类声明语法格式如下：

```
class 类名[（父类）]：
    类体
```

其中，class 是声明类的关键字，“类名”是自定义的类名，自定义类名首先应该是合法的标识符，父类可以省略声明，表示直接继承 object 类。

声明员工（Employee）类代码如下：

```
# coding=utf-8
# 声明类

class Employee:
    # 类体
    pass  # pass 语句什么操作都不执行,用来维持程序结构的完整
```

上述代码声明了员工类，它继承了 object 类，object 是所有类的根类，在 Python 中任何一个类都直接或间接继承 object，所以（object）部分代码可以省略。

代码的 pass 语句什么操作都不执行，用来维持程序结构的完整。如果有些代码还没有编写，又不想有语法错误，可以使用 pass 语句占位。

8.1.1 类的成员

在类体中可以包含类的成员，类成员如图 8-1 所示，其中包括构造方法、成员变量、成员方法和属性，成员变量又分为实例变量和类变量，成员方法又分为实例方法、类方法和静态方法。

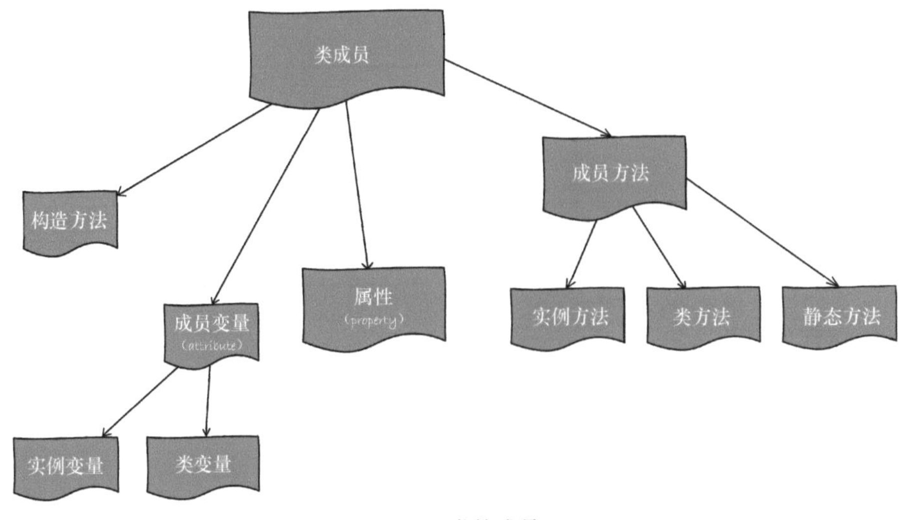

图 8-1　类的成员

方法是对象中的函数。

8.1.2 实例变量与构造方法

实例变量就是某个实例（或对象）个体特有的“数据”，例如，不同的员工有自己的姓名（name）和编号（no），name和no都是实例变量。构造方法是用来初始化对象的实例成员变量。

示例代码如下：

```
# coding=utf-8

class Employee:
    """声明员工类"""

①   def __init__(self, name, no, sal):
        """ 构造方法 """
②       self.name = name  # 声明姓名实例变量
        self.no = no  # 声明员工编号实例变量
        self.salary = sal  # 声明薪水实例变量

③ emp1 = Employee("Tony", 1001, 5000)  # 通过 Employee 类创建 emp1 对象
④ emp2 = Employee("Ben", 1002, 4500)  # 通过 Employee 类创建 emp2 对象

print(f'员工:{emp1.name}编号:{emp1.no} 薪水:{emp1.salary}')
print(f'员工:{emp2.name}编号:{emp2.no}薪水:{emp2.salary}')
```

代码第①处__init__()方法是员工类的构造方法，注意，init前后是双下画线（__）。构造方法中的第一个参数是self，self是指当前实例，表示这个方法与当前实例绑定，self后的参数才是用来初始化实例变量的，调用构造方法时不需要传入self。

代码第②处self.name是声明实例姓名（name）变量self表示当前实例，表示该变量与当前实例绑定。

代码第③处Employee("Tony",1001)调用构造方法，创建emp1初对象，初始化emp1对象。

代码第④处是通过对象emp1+点运算符“.”调用emp1对象的实例变量。

8.1.3 实例方法

实例方法与实例变量一样都是某个实例（或对象）个体特有的。本节先介绍实例方法。

方法是在类中定义的函数。而定义实例方法时，它的第一个参数也应该是 self，这个过程会将当前实例与该方法绑定起来，使该方法成为实例方法。

实例方法示例如下：

```
# coding=utf-8

class Employee:
    """声明员工类"""

    def __init__(self, name, no, sal):
        """ 构造方法 """
        self.name = name  # 声明姓名实例变量
        self.no = no  # 声明员工编号实例变量
        self.salary = sal  # 声明薪水实例变量

    # 声明实例成员方法
①   def adjust(self, sal):
        """ 调整薪水方法 """
        self.salary += sal

emp1 = Employee("Tony", 1001, 5000)  # 通过 Employee 类创建 emp1 对象
emp1.adjust(500)  # 调用 emp1 对象的 adjust()方法
emp2 = Employee("Ben", 1002, 4500)  # 通过 Employee 类创建 emp2 对象
emp2.adjust(-200)  # 调用 emp2 对象的 adjust()方法

print(f'员工:{emp1.name}编号:{emp1.no} 薪水:{emp1.salary}')
print(f'员工:{emp2.name}编号:{emp2.no}薪水:{emp2.salary}')
```

上述代码执行结果如下所示。

```
员工:Tony 编号:1001 薪水:5500
员工:Ben 编号:1002 薪水:4300
```

代码第①处声明实例方法，其第一个参数也是 self，表示该方法绑定当前实例，方法的第 2 个参数 sal 才是方法参数，调用方法时只传递 sal，不需要传入 self 参数。

8.1.4 类变量

类变量是所有实例（或对象）共有的变量。例如，同一个公司的员工，他们的员工编号、姓名和薪水会因人而异，而所在公司名是相同的。所在公司与个体实例无关，或者说是所有账户实例共享的，这种变量称为“类变量”。

类变量示例代码如下：

```
# coding=utf-8

class Employee:
    """声明员工类"""

    # 类变量
①   company_name = "XYZ"  # 声明所在公司类变量

    def __init__(self, name, no, sal):
        """ 构造方法 """
        self.name = name  # 声明姓名实例变量
        self.no = no  # 声明员工编号实例变量
        self.salary = sal  # 声明薪水实例变量

    # 声明实例成员方法
    def adjust(self, sal):
        """ 调整薪水方法 """
        self.salary += sal

emp1 = Employee("Tony", 1001, 5000)  # 通过 Employee 类创建 emp1 对象
② print(f'员工:{emp1.name}编号:{emp1.no}所在公司:{Employee.company_name}')  # 读取类变量

③ Employee.company_name = 'ABC'  # 修改类变量
print(f'员工:{emp1.name}编号:{emp1.no}所在公司:{Employee.company_name}')  # 读取类变量
```

上述代码执行结果如下所示。

```
员工:Tony 编号:1001 所在公司:XYZ
员工:Tony 编号:1001 所在公司:ABC
```

代码第①处是创建并初始化类变量。创建类变量与实例变量不同，类变量要在方法之外

定义。

代码第②处和第③处通过“类名．类变量”的形式访问实例变量。

8.1.5 类方法

类方法与类变量类似，都属于类，而不属于个体实例的方法。类方法不需要与实例绑定，但需要与类绑定，定义时它的第一个参数不是self，而是当前类。

类方法示例代码如下：

```
# coding=utf-8

class Employee:
    """声明员工类"""

    # 类变量
    company_name = "XYZ"  # 声明所在公司类变量

    def __init__(self, name, no, sal):
        """ 构造方法 """
        self.name = name  # 声明姓名实例变量
        self.no = no  # 声明员工编号实例变量
        self.salary = sal  # 声明薪水实例变量

    # 声明实例成员方法
    def adjust(self, sal):
        """ 调整薪水方法 """
        self.salary += sal

    # 声明类方法                    # 声明类方法装饰器
    @classmethod
①   def show_company_name(cls):
        """ 显示所在公司 """
        # 通过类方法访问类变量
②       return cls.company_name

    @classmethod
③   def change_company_name(cls, new_name):
        """ 改变所在公司 """
```

```
        cls.company_name = new_name

emp1 = Employee("Tony", 1001, 5000)  # 通过 Employee 类创建 emp1 对象
print(f'员工:{emp1.name}编号:{emp1.no}所在公司:{Employee.show_company_name()}')    ④
Employee.change_company_name("ABC")
print(f'员工:{emp1.name}编号:{emp1.no}所在公司:{Employee.show_company_name()}')
```

上述代码执行结果如下所示：

```
员工:Tony 编号:1001 所在公司:XYZ
员工:Tony 编号:1001 所在公司:ABC
```

代码第①处声明类方法，注意在方法前要加装饰器@classmethod，另外，类方法的第一个参数 cls 表示当前类，代码第②处是访问类变量。

代码第③处还是声明类方法，它的第一个参数也是 cls，第二个参数是要改变的公司名。

代码第④处通过“类．类方法”的形式访问类变量。

装饰器是 Python 语言提供的注释，可以扩展函数或类功能。

8.1.6 静态方法

如果定义的方法既不想与实例绑定，也不想与类绑定，而只是想把类作为它的命名空间，那么可以定义静态方法。

静态方法示例代码如下：

```
# coding=utf-8

class Employee:
    """声明员工类"""

    # 类变量
    company_name = "XYZ"  # 声明所在公司类变量

    def __init__(self, name, no, sal):
        """ 构造方法 """
```

```
        self.name = name   # 声明姓名实例变量
        self.no = no   # 声明员工编号实例变量
        self.salary = sal   # 声明薪水实例变量

    # 声明实例成员方法
    def adjust(self, sal):
        """ 调整薪水方法 """
        self.salary += sal

    # 声明类方法                    # 声明类方法装饰器
    @classmethod
    def show_company_name(cls):
        """ 显示所在公司 """
        # 通过类方法访问类变量
        return cls.company_name

    @classmethod
    def change_company_name(cls, new_name):
        """ 改变所在公司 """
        cls.company_name = new_name

    @staticmethod
①   def is_senior_employee(salary):
        """ 判断是高级员工 """
        return salary > 5000

emp1 = Employee("Tony", 1001, 5000)   # 通过 Employee 类创建 emp1 对象
x = Employee.is_senior_employee(emp1.salary)
print(f'员工:{emp1.name}编号:{emp1.no}是否是高级员工? {x}')
```

上述代码执行结果如下所示：

```
员工:Tony 编号:1001 是否是高级员工? False
```

代码第①处声明静态方法，注意在方法前要加装饰器@staticmethod，声明该方法是静态方法，该方法参数不指定 self 和 cls。

8.1.7 训练营 1：掌握定义类

小东正在设计一个 RPG 游戏，游戏中需要定义许多不同的角色。为了便于设计，小东决定

先定义一个通用的 GameCharacter 类，它包含所有游戏角色的共有属性和功能。

这个类需要具备：

- 名字（name）：每个角色都有唯一的名字。
- 生命值（hp）：表示剩余生命 。
- 力量（power）：表示角色的攻击力量 。
- 攻击（attack）方法：用于攻击其他角色 。
- 接收伤害（take_damage）方法 ：当受到攻击时会减少生命值。

通过定义这个 GameCharacter 类，我们可以很方便地创建出各种不同的游戏角色，如战士、法师等。只需要指定不同的属性值，并继承这个类即可。

参考代码如下：

```
classGameCharacter:

    def __init__(self, name, hp, power):
        self.name = name
        self.hp = hp
        self.power = power

    def attack(self, target):
        print(f"{self.name} 攻击 {target.name} 造成 {self.power} 伤害。")
        target.take_damage(self.power)

    def take_damage(self, damage):
        self.hp -= damage
        print(f"{self.name} 受到 {damage} 点伤害。")

#1. 创建实例并检查属性
hero = GameCharacter("英雄", 100, 20)
print(hero.name)
print(hero.hp)

#2. 测试攻击方法
monster = GameCharacter("怪兽", 50, 10)
hero.attack(monster)
print(monster.hp)

#3. 测试受攻击方法
monster.attack(hero)
print(hero.hp)
```

上述代码执行结果如下所示：

```
英雄
100
英雄 攻击 怪兽 造成 20 伤害。
怪兽 受到 20 点伤害。
30
怪兽 攻击 英雄 造成 10 伤害。
英雄 受到 10 点伤害。
90
```

8.2 封装性

封装性是面向对象的三大特性之一，Python 语言提供了对封装性的支持。

8.2.1 私有成员变量

默认情况下 Python 中类中成员变量是公有的，如果想让它们成为私有变量，可以在变量前加上双下画线“__”。

例如，在员工类中不希望别人看他的薪水，可以将其设置为私有，示例代码如下：

```
# coding=utf-8

class Employee:
    """声明员工类"""

    def __init__(self, name, no, sal):
        """ 构造方法 """
        self.name = name
        self.no = no
①       self.__salary = sal   # 声明私有成员变量

emp1 = Employee("Tony", 1001, 5000)    # 通过 Employee 类创建 emp1 对象
emp2 = Employee("Ben", 1002, 4500)     # 通过 Employee 类创建 emp2 对象

② print(f'员工:{emp1.name}编号:{emp1.no} 薪水:{emp1.salary}')
```

上述代码执行结果如下所示：

```
Traceback (most recent call last):
  File "C:\Users\...\8.2.1 私有成员变量.py", line 16, in <module>
    print(f'员工:{emp1.name}编号:{emp1.no} 薪水:{emp1.salary}')
                                              ^^^^^^^^^^^^
AttributeError: 'Employee' object has no attribute 'salary'
```

代码第①处声明私有成员变量__salary，当试图在类的外部访问该变量时会引发错误，见代码第②处。

8.2.2 私有成员方法

私有方法与私有变量的封装类似，只要在方法前加上双下画线“__”就是私有方法了。示例代码如下：

```
# coding=utf-8

class Employee:
    """声明员工类"""

    def __init__(self, name, no, sal):
        """ 构造方法 """
        self.name = name
        self.no = no
        self.__salary = sal  # 声明私有成员变量

        # 声明私有成员方法
①      def __show__salary(self):
            print(self.__salary)

emp1 = Employee("Tony", 1001, 5000)  # 通过 Employee 类创建 emp1 对象
emp2 = Employee("Ben", 1002, 4500)  # 通过 Employee 类创建 emp2 对象

② print(f'员工:{emp1.name}编号:{emp1.no} 薪水:{emp1.__show__salary()}')
```

上述代码执行结果如下所示：

```
File "C:\...\8.2.2 私有成员方法.py", line 20, in <module>
    print(f'员工:{emp1.name}编号:{emp1.no} 薪水:{emp1.__show__salary()}')
```

```
                              ^^^^^^^^^^^^^^^^^^^^^
AttributeError:'Employee' object has no attribute '__show__salary'
```

代码第①处声明私有成员方法__show__salary，当试图在类的外部访问该变量时会引发错误，见代码第②处。

8.2.3 训练营 2：实现类封装

小东正在开发一个社交应用，需要表示用户的个人信息。为保护用户隐私，小东设计了一个 Person 类来封装用户的姓名和年龄数据：

- 使用私有属性__name 和__age 来存储姓名和年龄。
- 提供公共方法 get_name()和 get_age()用于获取这些数据。
- 提供 set_age()方法来修改用户年龄。
- 实现 introduce()方法返回用户详情字符串。

这样 Person 类就把继承数据封装起来了，外部只能通过类提供的接口来访问，实现了封装。

而如果未来需要改变数据的存储方式，也可以简单修改 Person 类内部，外部使用不受影响。

这个例子展示了如何通过封装来设计一个考虑隐私、安全的类，为社交 App 提供坚实的基础。

参考代码如下：

```
classPerson:
    # 初始化方法
    def __init__(self, name, age):
        self.__name = name  # 声明私有变量__name
        self.__age = age  # 使用声明私有变量__name__age

    # 获取姓名方法
    def get_name(self):
        return self.__name

    # 设置姓名方法
    def set_name(self, name):
        self.__name = name

    # 自我介绍方法
    def introduce(self):
```

```
        return f"我是{self.__name}, 今年{self.__age}岁了。"

# 创建 Person 实例
p = Person("John", 20)
# 调用自我介绍方法
print(p.introduce())
# 调用设置姓名方法
p.set_name("Mary")
# 调用获取姓名方法
print(p.get_name())
```

上述代码执行结果如下所示：

```
我是 John, 今年 20 岁了。
Mary
```

8.3 继承性

类的继承性也是面向对象语言的基本特性，继承性能够更好地重用代码。

8.3.1 Python 语言中实现继承

图 8-2 所示是一个类图，Employee 是子类，Person 是父类。

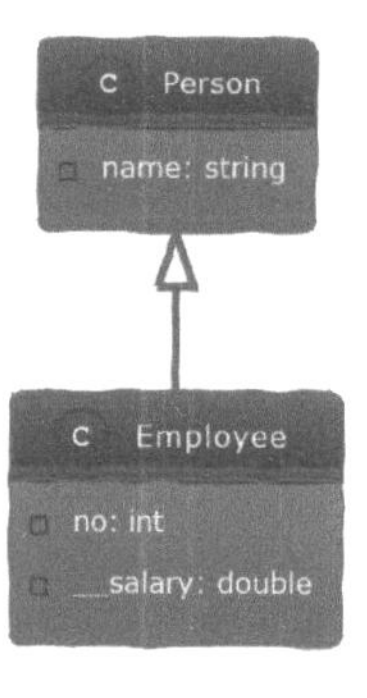

图 8-2　类图

实现图 8-2 所示类图代码如下：

```
# coding=utf-8

① class Person:
    """声明人类"""

    def __init__(self, name):
        """ 构造方法 """
        self.name = name

② class Employee(Person):
    """声明员工类"""

    def __init__(self, name, no, sal):
③       super().__init__(name)  # 调用父类的构造方法
        """ 构造方法 """
        self.name = name
        self.no = no
        self.__salary = sal  # 声明私有成员变量

p1 = Person("Tony")  # 通过 Person 类创建 p1 对象
emp1 = Employee("Ben", 1002, 4500)  # 通过 Employee 类创建 emp1 对象

print(f'姓名:{p1.name}')
print(f'员工:{emp1.name}编号:{emp1.no}')
```

上述代码执行结果如下所示：

```
姓名:Tony
员工:Ben 编号:1002
```

上述代码第①处声明 Person 类，第②处声明 Employee 类，Employee 继承 Person 类，其中小括号中的是父类，如果没有指明父类（一对空的小括号或省略小括号），则默认父类为 object，object 类是 Python 的根类。

代码第③处 super().__init__(name) 语句是调用父类的构造方法，super()函数是返回父类引用，通过它可以调用父类中的实例变量和方法。

8.3.2 多继承

所谓多继承，就是一个子类有多个父类。大部分计算语言（如 Java、Swift 等）只支持单继

承，不支持多继承，而 Python 支持多继承。

多继承示例代码如下：

```
# coding=utf-8

class ParentClass1:                          # 声明父类 ParentClass1
    def show(self):
        print('ParentClass1 show...')

class ParentClass2:                          # 声明父类 ParentClass2
    def show(self):
        print('ParentClass2 show...')

① class SubClass1(ParentClass1, ParentClass2):    # 声明子类 SubClass1
    pass

② class SubClass2(ParentClass2, ParentClass1):  # 声明子类 SubClass2
    pass

sub1 = SubClass1()
sub1.show()
sub2 = SubClass2()
sub2.show()
```

上述代码执行结果如下所示：

```
ParentClass1 show...
ParentClass2 show...
```

上述代码第①处声明子类 SubClass1，它优先继承 ParentClass1，其次是 ParentClass2，依次类推，所以 SubClass1 继承的 show( ) 方法来自 ParentClass1，而 SubClass2 继承的 show( ) 方法来自 ParentClass2。

8.3.3 训练营 3：实现类继承

小东正在开发一个电商网站的商品管理功能。为了实现商品的分类管理，他决定使用面向对象的继承方式来设计：

1）首先他定义了一个基类 Product，包含所有商品的通用属性和方法，如名称、价格、计算税费等。

2）然后他定义了一些具体的商品子类，继承自 Product：

- Book 类表示书籍，具有作者、ISBN 等属性。
- Food 类表示食品，具有生产/过期日期等属性。
- Toy 类表示玩具，具有适合年龄等属性。

3）每个子类可以扩展自己特有的属性，并继承父类 Product 的方法，如计算税费。

4）如果之后修改了 Product 类，子类的行为也会反映这些改动。

通过继承，小东可以很好地对商品分类，子类代表更具体的商品，并可以复用父类的通用属性和方法。

这样既提高了代码的复用性，也使商品管理更加灵活。

参考代码如下：

```
#父类 Product
class Product:

    # 初始化方法
    def __init__(self, name, price):
        self.name = name
        self.price = price

    # 计算税费方法
    def calculate_tax(self):
        tax_rate = 0.1
        return tax_rate * self.price

# 子类 Book
class Book(Product):

    # 初始化方法
    def __init__(self, name, price, author, isbn):
        # 调用父类初始化
        super().__init__(name, price)

        # 新增属性
        self.author = author
        self.isbn = isbn

# 子类 Food
```

```
class Food(Product):

    # 初始化方法
    def __init__(self, name, price, prod_date, expiry_date):
        # 调用父类初始化
        super().__init__(name, price)

        # 新增属性
        self.prod_date = prod_date
        self.expiry_date = expiry_date

# 子类 Toy
class Toy(Product):

    # 初始化方法
    def __init__(self, name, price, age_group):
        # 调用父类初始化
        super().__init__(name, price)

        # 新增属性
        self.age_group = age_group

# 测试 Book 类
book = Book("看漫画学 Python", 79, "小东", "978123456")
print(book.name)  # 看漫画学 Python
print(book.author)  # 小明

# 测试 Food 类
food = Food("面包", 10, "2023-02-15", "2023-02-17")
print(food.price)  # 10
print(food.expiry_date)  # 2023-02-17

# 测试 Toy 类
toy = Toy("积木", 20, "3-6 岁")
print(toy.age_group)  # 3-6 岁

# 测试继承自 Product 的 calculate_tax 方法
print(book.calculate_tax())
```

```
print(food.calculate_tax())
print(toy.calculate_tax())
```

上述代码执行结果如下所示：

```
看漫画学 Python
小东
10
2023-02-17
3-6 岁
7.9
1.0
2.0
```

8.4 多态性

在面向对象程序设计中，多态是一个非常重要的特性，理解多态有利于进行面向对象的分析与设计。

8.4.1 多态概念

发生多态要有两个前提条件：

- 继承：多态发生在子类和父类之间。
- 重写（Override）：子类重写了父类的方法。

在图 8-3 所示的类图中，父类 Shape（几何图形）有一个面积计算方法 area()，Shape 有两个子类 Square 和 Circle，两个子类重写了 area()方法。

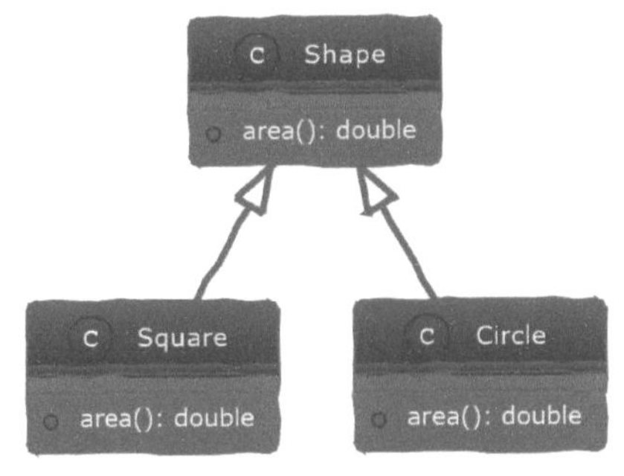

图 8-3 示例类图

具体代码如下：

```
# coding=utf-8

class Shape:
    def __init__(self, name):
        self.name = name

    def area(self):
        pass

class Square(Shape):
    def __init__(self, length):
        super().__init__("Square")
        self.length = length

class Circle(Shape):
    def __init__(self, radius):
        super().__init__("Circle")
        self.radius = radius
```

上述代码实现了图 8-3 所示的类图，声明了 3 个类。

8.4.2 重写方法

8.4.1 节的示例代码只是实现了继承，但是子类并未重写父类方法 area()，因此也不会发生多态。修改 8.4.1 节示例代码如下：

```
from math import pi  # 引入 π 常量

class Shape:
    def __init__(self, name):
        self.name = name

    def area(self):
        pass

class Square(Shape):
    def __init__(self, length):
```

```
        super().__init__("Square")
        self.length = length

①   def area(self):  # 重写父类 area()方法
        return self.length ** 2

class Circle(Shape):
    def __init__(self, radius):
        super().__init__("Circle")
        self.radius = radius

②   def area(self):  # 重写父类 area()方法
        return pi * self.radius ** 2

shapea = Square(4)  # 创建正方形对象 a
shapeb = Circle(7)  # 创建圆形对象 b

area = shapea.area()
print(f'shapeA 的面积:{area:0.3f}')
area = shapeb.area()
print(f'shapeB 的面积:{area:0.3f}')
```

上述代码执行结果如下所示。

```
shapeA 的面积:16.000
shapeB 的面积:153.938
```

上述代码第①处重写父类的 area( ) 方法，用于计算正方形的面积，上述代码第②处重写父类的 area( ) 方法，用于计算圆形的面积。

8.5 总结与扩展

总结扩展

总结：

- 类和对象：类是对象的蓝图，对象是类的实例。

- 定义类：使用 class 关键字定义类，通过__init__方法初始化。
- 类成员：类属性和方法表示对象的数据和行为。
- 封装：使用私有属性隐藏细节，提供公共方法访问。
- 继承：子类继承父类公共属性和方法。
- 多态：子类重写父类方法，实现不同具体行为。

学会定义类和对象，掌握面向对象的两大特性封装和继承，是使用 Python 进行对象化编程的基础。

扩展建议：

1）学习其他语言的面向对象实现，对比理解。

2）优秀的类设计需要长时间积累与实践。

3）识别公共属性和行为设计类，不可拘泥例子。

4）分析问题领域提取出类，再考虑细节。

5）多思考类的职责、接口、依赖关系的设计。

6）运用设计原则，如单一职责、开闭、依赖倒置等。

7）复习巩固面向对象思想，深入理解其核心精髓。

8.6 同步练习

【练习 8-1】：定义 Person 类，有 private 属性 name、age，提供 getter 和 setter 方法。

【练习 8-2】：创建 Student 和 Teacher 对象，调用各自特有方法测试结果。

第 9 章 捉虫大队行动中——异常处理

老师，我在编程时经常遇到一些错误，导致程序突然就跑不动了，这该如何处理呢？

你遇到的是异常情况。异常表示程序执行过程中出现了问题，如果不处理，程序就会崩溃。

那怎么避免程序崩溃呢？

我们要通过异常处理机制来捕获和处理可能出现的异常。

这些我之前听说过，作用好像非常重要。

是的，学习异常处理可以帮助我们编写更健壮的程序，正确地处理各种错误情况，避免程序崩溃。

我明白了，异常处理是每个 Python 程序员必备的重要技能，对吧？

你说得一点都没错！今天我就会详细讲解 Python 的异常处理机制，帮你掌握这项核心技能。加油！

9.1 异常类继承层次

Python 中异常根类是 BaseException，图 9-1 所示是主要的异常类继承层次结构图。

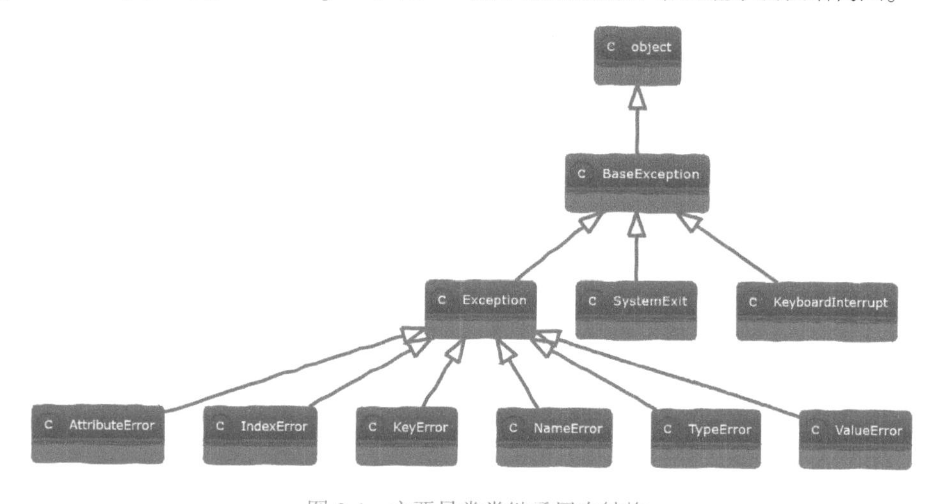

图 9-1　主要异常类继承层次结构

从异常类的继承层次可见，BaseException 的子类很多，其中 Exception 是非系统退出的异常，它包含了很多常用异常。如果自定义异常需要继承 Exception 及其子类，不要直接继承 BaseException。另外，还有一类异常是 Warning，Warning 是警告，用于提示程序潜在问题。

9.1.1 几个重要的异常

作为 Python 开发人员，必须要熟悉几个重要异常，这有助于调试程序，找出程序哪里有问题。

1. NameError 异常

NameError 是试图使用一个不存在的变量而引发的异常，示例代码如下：

```
# coding=utf-8
# 几个重要的异常
# 1.NameError 异常

def func1():  # 声明函数 func1
①     value1 = 6500  # 再声明 value1 变量

② print(value1)  # 访问 value1 变量
```

上述代码结果如下：

```
File "C:\Users\...\9.1.1 几个重要的异常【1. NameError 异常】.py", line 9, in <module>
  print(value1)  #访问 value1 变量
        ^^^^^^
NameError: name 'value1' is not defined
```

上述代码第①处的 value1 变量是在 func1()函数中声明的，它的作用域范围是整个函数，当函数结束后，该变量就失效了，所以如果试图在代码第②处（函数外）访问 value1 变量，则会引发 NameError 异常。

2. ValueError 异常

ValueError 异常是由传入一个无效的参数值引发的，示例代码如下：

```
# coding=utf-8
# 几个重要的异常
# 2. ValueError 异常

int('abc') # ValueError
```

上述代码结果如下：

```
  File "C:\Users\...\9.1.1 几个重要的异常【2. ValueError 异常】.py", line 5, in <module>
    int('abc') # ValueError
    ^^^^^^^^^^
ValueError: invalid literal for int() with base 10: 'abc'
```

3. IndexError 异常

IndexError 异常是访问序列元素时，下标索引超出取值范围所引发的异常。

```
# coding=utf-8
#几个重要的异常
# 3. IndexError 异常
my_list = [1, 2, 3]

try:
    # 尝试访问超出范围的索引
    value = my_list[5]
except IndexError as e:
    print(f"IndexError: {e}")
```

上述代码结果如下：

```
IndexError: list index out of range
```

4. KeyError 异常

KeyError 异常是试图访问字典里不存在的键时引发的异常，示例代码如下。

```
# coding=utf-8
# 几个重要的异常
# 4.KeyError 异常

dict1 = {1:'刘备', 2:'关羽', 3:'张飞'}  # 声明一个字典对象 dict1
① print(dict1[6])  # 访问字典 dict1
```

上述代码结果如下：

```
Traceback (most recent call last):
  File "C:\Users\...\ch9\9.1.1 几个重要的异常【3. IndexError 异常】.py", line 6, in <module>
    print(dict1[6])  # 访问字典 dict1
          ~~~~~^^^
KeyError: 6
```

上述代码第①处试图通过键访问对应的值，由于6这个键没有对应的值，所以会引发KeyError异常。

5. AttributeError异常

试图访问一个对象中不存在的成员（包括成员变量、属性和成员方法），会引发AttributeError异常。AttributeError异常非常常见，示例代码如下：

```
# coding=utf-8
# 几个重要的异常
# 4.AttributeError 异常

list1 = (10, 20)  # 声明一个 list1 变量
list1.append(6)  # 试图通过调用 list1 对象的 append()方法添加元素
print("list1", list1)
```

上述代码结果如下：

```
Traceback (most recent call last):
  File "C:\...\ch9\9.1.1 几个重要的异常【4. AttributeError 异常】.py", line 6, in <module>
    list1.append(6)  #试图通过调用 list1 对象的 append()方法添加元素
    ^^^^^^^^^^^^
AttributeError: 'tuple' object has no attribute 'append'
```

6. TypeError异常

TypeError是试图传入变量类型与要求不符合时引发的异常，TypeError异常也是非常常见的异常，示例代码如下：

```
    # coding=utf-8
    # 几个重要的异常
    # 5.TypeError 异常

①  a = '20'  # 声明变量 a
    b = 5  # 声明变量 b
②  result = a / b  # 实现变量 a 和 b 的除法运算

    print(result)
```

示例代码如下：

```
Traceback (most recent call last):
  File "C:\...ch9\9.1.1 几个重要的异常【5. TypeError 异常】.py", line 7, in <module>
```

```
result = a / b  #实现变量 a 和 b 的除法运算
        ~~^~~
TypeError: unsupported operand type(s) for /: 'str' and 'int'
```

在代码的第①处，变量 a 被错误地赋值为字符串' 10'，然后第②处代码尝试执行变量 a 和 b 的除法运算，但这个错误的赋值引发了异常。

9.1.2 异常堆栈

老师，我遇到一个很长的错误信息，出现了满屏的 Exception 和 Traceback，它们都是什么意思呢？

这就是 Python 的异常堆栈跟踪信息，它可以帮助我们定位和调试代码错误。

堆栈跟踪是怎么一回事呀？听起来很高级的样子。

其实原理很简单。它记录了从错误被触发到处理的整个异常传播过程。

可以用个简单的比喻帮我理解一下吗？

堆栈跟踪就像你站在高楼上，楼下有一层层台阶。当你往下走时，每走一步都会留下一个记录，这就像堆栈中的函数调用记录。如果你下楼时迈错了一步，你可能会跌倒，就像程序中出现错误一样。堆栈跟踪记录了你从楼顶走到楼底并跌倒的过程，以帮助你找到问题出在哪里。

我明白了，它可以帮助我反向查找错误原因对吧。

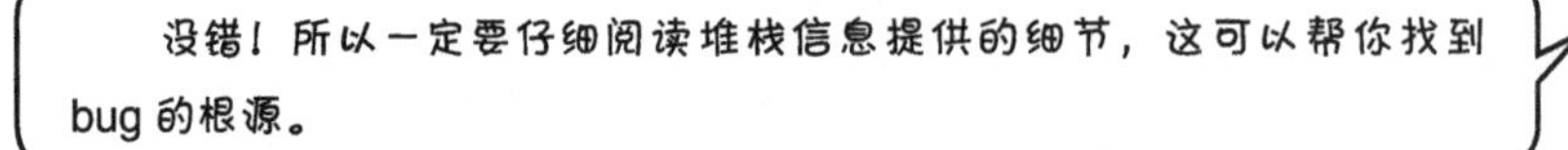

没错！所以一定要仔细阅读堆栈信息提供的细节，这可以帮你找到bug的根源。

谢谢老师！我知道该如何分析这些看似复杂的异常详情，并找出问题所在了。

示例代码如下：

```python
# coding=utf-8
#  异常堆栈
import traceback

def func_a():
    print('在 func_a 中')
    func_b()

def func_b():
    print('在 func_b 中')
    x = 1 / 0

try:
    func_a()
except Exception:
    traceback.print_exc()
```

上述代码运行结果如下：

```
在 func_a 中
在 func_b 中
Traceback (most recent call last):
  File "C:...\ch9\9.1.2 异常堆栈.py", line 17, in <module>
```

```
    func_a()
  File "C:...\ch9\9.1.2 异常堆栈.py", line 8, in func_a
    func_b()
  File "C:...\ch9\9.1.2 异常堆栈.py", line 13, in func_b
    x = 1 / 0
        ~~^~~
ZeroDivisionError: division by zero
```

从结果可以看出：

1）首先调用了 func_a，然后 func_a 调用了 func_b。

2）在 func_b 中发生了除零错误。

3）通过打印的堆栈信息可以看出错误的确切位置在“9.1.2 异常堆栈.py”的第 13 行，即 func_b 函数中。通过异常堆栈，可以非常清楚地看到错误发生的位置和完整的调用链。这可以帮助我们快速定位和修复 bug。

9.2 处理异常

程序在运行过程中出现异常在所难免，但要有一种机制保证出现异常后能够进行处理。

9.2.1 捕获异常

为了处理异常，首先需要捕获这些异常。捕获异常是通过 try-except 语句实现的，最基本的 try-except 语句语法如下：

```
try:
    <可能会抛出异常的语句>
except [异常类型]:
    <处理异常>
```

try 语句所管理的代码块中，包含有可能引发异常的语句。

每个 try 代码块可以伴随一个或多个 except 代码块，用于处理 try 代码块中所有可能抛出的多种异常。except 语句中如果省略“异常类型”，即不指定具体异常，会捕获所有类型的异常；如果指定具体类型异常，则会捕获该类型异常，以及它的子类型异常。

示例代码如下：

```
# coding=utf-8
# 捕获异常
try:
    nums = [1, 2]
    print(nums[3])  # 会产生索引错误异常
except IndexError:
    print('索引超出范围！')
```

示例代码如下：

```
索引超出范围！
```

上述代码流程：

1）先在 try 块中执行代码。

2）如果触发异常，转入匹配的 except 块处理。

9.2.2 捕获多个异常

一个 try 语句可以伴随一个或多个 except 代码块，多个 except 代码块语法如下：

```
try:
    <可能会抛出异常的语句>
except [异常类型 1]:
    <处理异常>
except [异常类型 2]:
    <处理异常>
...
except [异常类型 n]:
    <处理异常>
```

在多个 except 代码块情况下，当一个 except 代码块捕获到一个异常时，其他的 except 代码块就不再进行匹配。

示例代码如下：

```
# coding=utf-8
# 捕获多个异常
try:
    int('abc')
```

```
    dic = {'a': 1}
    dic['b']  # KeyError
    print(2 + '3')  # TypeError

except ValueError:
    print('无效的整数值')
except KeyError:
    print('字典键不存在')
except (TypeError, AttributeError):
    print('发生了类型错误')
```

运行示例代码，输入合法数据结果如下：

```
无效的整数值
```

9.3 释放资源

有时 try-except 语句会占用一些资源，如打开文件、网络连接、打开数据库连接和使用数据结果集等，这些资源不能通过 Python 的垃圾收集器回收，需要程序员释放。为了确保这些资源能够被释放，可以使用 finally 代码块或 with as 自动资源管理。

9.3.1 finally 代码块

try-except 语句后面还可以跟有一个 finally 代码块，try-except-finally 语句语法如下：

```
try:
    <可能会抛出异常的语句>
except [异常类型 1]:
    <处理异常>
except [异常类型 2]:
    <处理异常>
...
except [异常类型 n]:
    <处理异常>
finally :
    <释放资源>
```

无论 try 正常结束还是 except 异常结束，都会执行 finally 代码块，如图 9-2 所示。

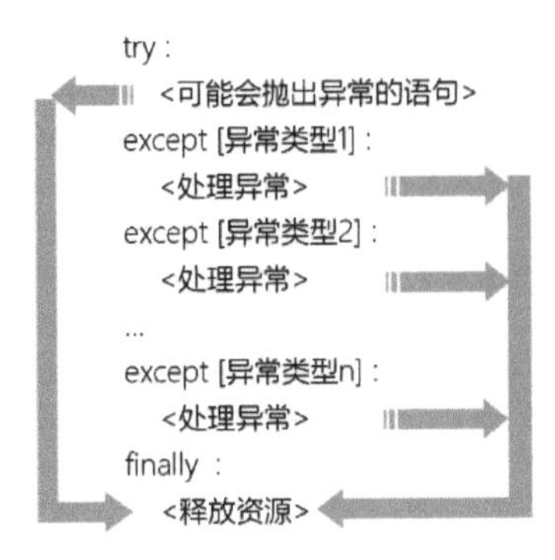

图 9-2　finally 代码块

示例代码如下：

```
# coding=utf-8

file_name = 'file.txt'
f = None
try:
①     f = open(file_name)
②     content = f.read()
      print(content)
finally:
      print("关闭文件...")

      if f:
          f.close()
```

运行示例代码，结果文件不存在则运行结果如下：

```
关闭文件...
Traceback (most recent call last):
  File "C:...\ch9\9.3.1 finally代码块.py", line 6, in <module>
    f =open(file_name)
       ^^^^^^^^^^^^^^^
FileNotFoundError: [Errno 2] No such file or directory: 'file.txt'

Process finished with exit code 1
```

结果文件存在则运行结果如下。

```
Hello World.
世界,您好。
关闭文件...
```

file.txt 文件内容如图 9-3 所示。

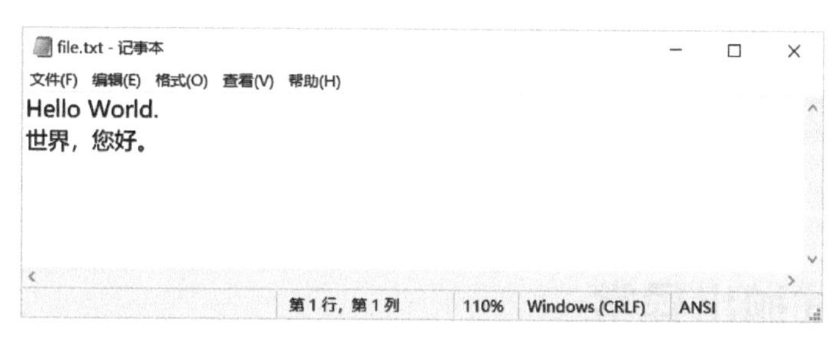

图 9-3　file.txt 文件内容

从运行结果可见，无论是正常结束，还是异常结束，都会运行 finally 代码块。

代码解释：

上述代码第①处 f = open(file_name) 是打开文件，代码第②处 content = f.read() 是读取文件内容到变量 content 中，有关文件读取将在第 10 章详细解释，这里不再赘述。

9.3.2 with as 代码块

9.3.1 节示例的程序虽然"健壮"，但程序流程比较复杂，这样的程序代码难以维护。为此 Python 提供了一个 with as 代码块帮助自动释放资源，它可以替代 finally 代码块，优化代码结构，提高程序可读性。with as 提供了一个代码块，在 as 后面声明一个资源变量，在 with as 代码块结束之后自动释放资源。

示例代码如下：

```
# coding=utf-8
① with open('file.txt') as f:
      content = f.read()
      print(content)
```

上述代码第①处是使用 with as 代码块，with 语句后面的 open(filename) 语句可以创建资源对象，然后赋值给 as 后面的 f 变量。在 with as 代码块中包含了资源对象相关代码，完成后自动释放资源。采用了自动资源管理后不再需要 finally 代码块，不需要自己释放这些资源。

运行示例代码，结果文件不存在则运行结果如下：

```
Traceback (most recent call last):
  File "C:\Users\...\9.3.2 with as 代码块.py", line 2, in <module>
    with open('file2.txt') as f:
         ^^^^^^^^^^^^^^^^^^
FileNotFoundError: [Errno 2] No such file or directory: 'file.txt'
```

结果文件存在则运行结果如下：

```
Hello World.
世界,您好。
```

9.4 显式抛出异常

本节之前，读者接触到的异常都是由系统生成的，当异常抛出时，系统会创建一个异常对象，并将其抛出。此外，也可以通过 raise 语句显式抛出异常，语法格式如下：

```
raiseBaseException 或其子类的实例
```

显式抛出异常的目的有很多，例如，不想某些异常传给上层调用者，可以捕获之后重新显式抛出另外一种异常给调用者。

示例代码如下：

```
# coding=utf-8
#  显式抛出异常

def divide(a, b):
    if b == 0:
①       raise ValueError('分母不能为 0')
    return a / b

② print(divide(10, 0))   # 抛出异常
```

代码第②处调用 divide( ) 函数，当程序执行到代码第①处时显式抛出异常，上述代码运行结果如下：

```
Traceback (most recent call last):
  File "C:\...\ch9\9.4 显式抛出异常.py", line 10, in <module>
```

```
    print(divide(10, 0))  #抛出异常
  File "C:\...\ch9\9.4 显式抛出异常.py", line 6, in divide
    raiseValueError('分母不能为0')
ValueError: 分母不能为0
```

9.5 总结与扩展

总结扩展

总结:

本章介绍了 Python 的异常处理机制，主要内容包括:

- 异常类型，了解各种内置和自定义异常。
- try-except，捕获并处理指定类型的异常。
- finally 代码块，释放资源等收尾工作。
- with as 语句，通过上下文管理自动释放资源。
- raise，显示抛出异常。

掌握异常处理可以提高程序健壮性，使其在发生错误时不会崩溃，而是以合理的方式处理各种异常情况。

扩展:

- 自定义异常类的定义。
- 异常传递的深入理解。
- 在大型系统中的异常处理策略。
- with as 语句的实现原理。

希望通过本章的学习，可以帮助大家逐步掌握异常处理技能，使程序掌握度达到专业级别。

9.6 同步练习

【练习 9-1】: 编写一个函数，在出现异常后将调用栈打印输出。

【练习 9-2】: 编写一个程序，处理各种异常情况，保证不会崩溃。

第 10 章 掌握文件才能侃侃而谈——文件访问

老师，前一章涉及读取文件，这在编程中是常见的需求吗？

没错，文件操作在编程中非常常见。文件就像一个大资料库，通过文件读写，我们可以保存和获取各种数据。

那 Python 有哪些文件操作方式呢？很简单就可以使用吗？

Python 提供了许多便捷的文件处理函数，如 open( ) 打开文件、read( ) 读文件、write( ) 写文件等。通过简单的函数调用就可以实现强大的文件处理能力。

厉害了！看来掌握了文件操作后，我可以轻松读写各种数据和资料了。

是的，你可以通过文件持久化数据，也可以分析读取文件中的信息。文件操作在编程中运用很广泛。

我迫不及待要学习文件处理了！这下我可以自由获取和管理这些资料库啦！

好的，让我们开始文件操作之旅，我会详细介绍 Python 的文件处理机制，帮你快速掌握这项核心编程技能。

10.1 访问文件

访问文件的操作主要指读写文件内容，在操作文件时，首先要打开文件，然后在操作完成之后，还要关闭文件，这是良好的编程习惯。

10.1.1 打开文件

打开文件可通过 open( ) 函数实现，它是 Python 的内置函数，返回文件对象（file object）。文件对象是文件的抽象，屏蔽了访问文件的细节，使得访问文件变得简单。open( ) 函数有很多参数，其中主要的参数包括以下几个。

1. file 参数

该参数是要打开的文件，可以是字符串或整数。如果 file 是字符串，表示文件名，文件名可以是相对当前目录的路径，也可以是绝对路径；如果 file 是整数，表示文件描述符，文件描述符指向一个已经打开的文件。

2. Encoding 参数

该参数用来指定打开文件时的文件编码，主要用于打开文本文件。

3. Errors 参数

该参数用来指定编码发生错误时如何处理。

4. mode 参数

该参数用来设置打开文件模式，具体如下。

（1）二进制模式（b）

- rb：以二进制模式只读打开文件。
- wb：以二进制模式写入打开文件，会覆盖已经存在的文件。
- xb：以二进制模式独占创建文件，如果文件已存在，则抛出 FileExistsError 异常。
- ab：以二进制模式追加打开文件，如果文件存在，则写入内容追加到文件末尾。

（2）文本模式（t）

- rt：以文本模式只读打开文件（默认模式）。
- wt：以文本模式写入打开文件，会覆盖已经存在的文件。
- xt：以文本模式独占创建文件，如果文件已存在，则抛出 FileExistsError 异常。
- at：以文本模式追加打开文件，如果文件存在，则写入内容追加到文件末尾。

（3）读写模式（+）

- r+：以读写模式打开文件，如果文件不存在，则抛出异常。
- w+：以读写模式打开文件，如果文件不存在则创建文件，如果文件存在则清除文件内容。
- x+：以读写模式独占创建文件，如果文件已存在，则抛出 FileExistsError 异常。
- a+：以读写模式打开文件，如果文件不存在则创建文件，如果文件存在则在文件末尾追加内容。

示例代码如下：

```
# coding=utf-8
# 打开文件

fname1 = 'my_file.txt'
① f = open(fname1, 'w+', encoding='gbk', errors='ignore')  # w+模式打开文件
② f.write('你好 World')  # 写入文件
```

```
③ f.close()  # 关闭文件
   print("写入文件完成。")

④ fname2 = r'C:\Users\tony\OneDrive\书\机工\你好 Python\代码\ch10\my_file.txt'
   f2 = open(fname2, 'r')  # r 模式打开文件
⑤ txt = f2.read()  # 读取文本内容到一个 txt 变量
   f2.close()  # 关闭文件
   print("读取文件完成。")
   print(f'文件内容:【{txt}】')
```

上述代码结果如下：

```
写入文件完成。
读取文件完成。
文件内容:【你好 World】
```

代码第①处通过 w+默认打开文件，其中打开文件编码是 gbk，errors='ignore' 表示在读写文件过程中如果发生错误则忽略，保证程序的继续执行。

代码第②处通过文件对象的 write()方法写字符串到文件中。

代码第③处通过文件对象的 close()方法关闭文件，文件打开后，如果不再使用则应该关闭，这样可以释放文件对象所占用的资源。

代码第④处采用原始字符串表示文件路径，原始字符串中特殊字符不需要转义。

代码第⑤处通过文件对象的 read()方法读取文件内容，由于是文本文件，读取的内容 txt 是文件内容，即文件中包含的字符串。

10.1.2 关闭文件

当使用 open()函数打开文件后，若不再使用文件，应该调用文件对象的 close()方法关闭文件。文件的操作往往会抛出异常，为了保证文件操作无论正常结束还是异常结束都能够关闭文件，调用 close()方法应该放在异常处理的 finally 代码块中。

读取 my_file.txt 文件示例代码如下：

```
# coding=utf-8
#  关闭文件

fname1 = 'my_file.txt'

txt = None  # txt 变量用来保存从文件中读取的字符串
```

```
file_obj = None  # file_obj 变量文件对象
try:
    file_obj = open(fname1)  # 打开文件
    txt = file_obj.read()  # 读取文件
except OSError as e:
    print('处理 OSError 异常')
finally:
    # 在 finally 代码块中关闭文件
    file_obj.close()
print("读取文件完成。")
print(f'文件内容:【{txt}】')
```

上述代码结果如下：

```
读取文件完成。
文件内容:【你好 World】
```

该示例在 finally 代码块中通过调用文件对象的 close( ) 方法来关闭文件，这样比较烦琐，笔者更推荐使用 with as 代码块进行自动资源管理。使用 with as 代码块重新实现读取 my_file.txt 文件的示例代码如下：

```
# coding=utf-8
# 关闭文件

fname1 = 'my_file.txt'
txt = None
file_obj = None

with open(fname1, 'r') as file_obj:  # 使用 with as 代码块
    txt = file_obj.read()

print("读取文件完成。")
print(f'文件内容:【{txt}】')
```

10.1.3 文本文件读写

文本文件读写的单位是字符，而且字符是有编码的。文本文件读写主要有如下几种方法。

- read(size=-1)：从文件中读取字符串，size 限制最多读取的字符数，size=-1 时没有限

制，读取全部内容。

- readline(size=-1)：读取到换行符或文件尾并返回单行字符串，如果已经到文件尾，则返回一个空字符串，size 是限制读取的字符数，size=-1 时没有限制。
- readlines()：读取文件数据到一个字符串列表中，每一个行数据是列表的一个元素。
- write(s)：将字符串 s 写入文件，并返回写入的字符数。
- writelines(lines)：向文件中写入一个列表，不添加行分隔符，因此通常为每一行末尾提供行分隔符。
- flush()：刷新写缓冲区，数据会写入到文件中。

10.1.4 训练营 1：复制文本文件

背景描述：

小明正在研究文本文件的处理，他需要编写一个 Python 程序来复制文本文件。具体需求是：

1）源文本文件 my_file.txt 包含中文内容。

2）需要读取源文件全部内容。

3）写入复制的目标文件 copy.txt。

4）目标文件也保存为 gbk 编码。

5）打印输出执行结果。

参考代码如下：

```
# coding=utf-8
# 文本文件读写
f_name = 'my_file.txt'

① with open(f_name, 'r', encoding='gbk') as f:
②     lines = f.readlines()
       copy_f_name = 'copy.txt'
③     with open(copy_f_name, 'w', encoding='gbk') as copy_f:
④         copy_f.writelines(lines)
           print('文件复制成功')
```

上述代码实现了将 test.txt 文件内容复制到 my_file.txt 文件中。

代码第①处是打开 my_file.txt 文件，由于 my_file.txt 文件采用 gbk 编码，因此打开时需要指定 gbk 编码。

代码第②处通过 readlines()方法读取所有数据到列表变量 lines 中。

代码第③处打开要复制的文件，采用的打开模式是 w，如果文件不存在则创建，如果文件存在则覆盖。注意，写入文件的编码采用了 gbk 编码集。

代码第④处使用 writelines( ) 方法将列表 lines 写入文件中。

如果运行代码成功，会在当前程序文件目录下生成 opy.txt 文件，并在控制台输出文件复制成功的提示。

10.1.5 二进制文件读写

二进制文件读写的单位是字节，不需要考虑编码的问题。二进制文件读写主要方法如下。

- read(size=-1)：从文件中读取字节，size 限制最多读取的字节数，如果 size=-1 则读取全部字节。
- readline(size=-1)：从文件中读取并返回一行，size 限制读取的字节数，size=-1 时没有限制。
- readlines( )：读取文件数据到一个字节列表中，每一个行数据是列表的一个元素。
- write(b)：写入字节对象 b，并返回写入的字节数。
- writelines(lines)：向文件中写入一个字节列表，不添加行分隔符，因此通常为每一行末尾提供行分隔符。
- flush( )：刷新写缓冲区，数据会写入文件中。

10.1.6 训练营 2：复制二进制文件

小明正在学习处理不同格式的文件，他需要编写一个程序来复制图片等二进制文件。具体需求是：

1）源文件为图片 coco2dxcplus.jpg。

2）读取图片的二进制内容。

3）写入复制的图片文件 copy.jpg。

4）打印输出执行结果。

为实现这个需求，小明编写了如下代码：

```
# coding=utf-8

f_name = 'coco2dxcplus.jpg'

① with open(f_name, 'rb') as f:
②     b = f.read()
      copy_f_name = 'copy.jpg'
```

```
③        with open(copy_f_name, 'wb') as copy_f:
④            copy_f.write(b)
             print('文件复制成功')
```

上述代码实现了将 coco2dxcplus.jpg 文件内容复制到当前目录的 copy.jpg 文件中。

代码第①处打开 coco2dxcplus.jpg 文件，打开模式是 rb。

代码第②处通过 read( ) 方法读取所有数据，返回字节对象 b。

代码第③处打开要复制的文件，打开模式是 wb，如果文件不存在则创建，如果文件存在则覆盖。

代码第④处采用 write( ) 方法将字节对象 b 写入文件。

如果运行代码成功，会在当前程序文件目录下生成 copy.jpg 文件，并在控制台输出文件复制成功的提示。

10.2 总结与扩展

总结扩展

总结：

本章介绍了 Python 进行文件处理的相关知识，包括以下内容。

- 文件访问模式：讲解了 r、w、x、a 等模式含义。
- open( ) 打开文件：返回一个文件对象供操作。
- close( ) 关闭文件：确保文件被正确关闭。
- with as 语句：提供上下文管理自动关闭文件。
- 文本文件：介绍了读写文本的方法，如 read、write 等。
- 二进制文件：使用二进制模式读写图片等文件。

通过这些文件操作函数，我们可以实现对文件的读取、写入、追加、复制等处理。

掌握文件操作技能，对开发各种数据处理程序很有帮助。

扩展：

- 文件与文件夹的移动、删除。
- 文件与数据库交互。

10.3 同步练习

【练习 10-1】：编写一个程序，读取一个文本文件 content.txt，打印其每一行内容。

【练习 10-2】：编写一个程序，获取用户输入的多行文本，存入用户指定的文件。

【练习 10-3】：编写一个程序，计算一个文件中每个单词出现的频率。

第 11 章 在视觉与交互的海洋中游泳——GUI 编程

老师，我们已经学习了一些 Python 基础知识，可以编写一些简单的程序了。但大部分程序看起来都很枯燥，没有图形界面。

你说得对，只有命令行界面看起来不够直观。要开发更强大的应用程序，图形用户界面（GUI）是非常重要的。

那我们可以学习用 Python 来开发 GUI 程序吗？

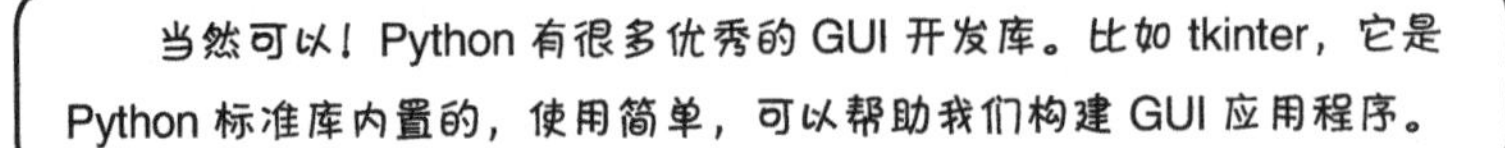

当然可以！Python 有很多优秀的 GUI 开发库。比如 tkinter，它是 Python 标准库内置的，使用简单，可以帮助我们构建 GUI 应用程序。

太好了！我很期待学会用 Python 开发好看易用的 GUI 程序。

11.1 GUI 开发工具包概述

虽然支持 Python 的 GUI 开发工具包有很多，但到目前为止还没有一个被公认的标准的工具包，这些工具包各有优缺点。较为突出的工具包有 Tkinter、PyQt 和 wxPython。

（1）Tkinter

Tkinter 是 Python 官方提供的 GUI 开发工具包，是对 Tk GUI 工具包封装而来的。Tkinter 是跨平台的，可以在大多数的 UNIX、Linux、Windows 和 macOS 平台中运行，Tkinter 8.0 之后可以实现本地窗口风格，如图 11-1 所示。在笔者看来，使用 Tkinter 的最大优势是，不需要额外安装软件包，界面简单适合 Python 初学者学习 Python GUI 开发。

图 11-1　Tkinter 本地窗口风格

（2）PyQt

PyQt 是非 Python 官方提供的 GUI 开发工具包，是对 Qt 工具包封装而来的，PyQt 也是跨平台的。使用 PyQt 工具包需要额外安装软件包。

（3）wxPython

wxPython 是非 Python 官方提供的 GUI 开发工具包，是对 wxWidgets 工具包封装而来的，wx-Python 也是跨平台的，拥有本地窗口风格。使用 wxPython 工具包需要额外安装软件包。

本章主要介绍 Tkinter。

11.2 编写第一个 Tkinter 程序

Tkinter 程序结构非常简单，非常适合编写一些 GUI 小程序。下面编写程序实现图 11-2 所示的窗口界面。

图 11-2　第一个 Tkinter 程序

实现代码如下：

```
① import tkinter as tk

  # 创建主窗口
② window = tk.Tk()
  # 设置窗口标题
③ window.title("我的第一个 Tkinter 程序")
  # 设置窗口大小
```

```
④ window.geometry("400x300")
   # 运行主循环
⑤ window.mainloop()
```

代码解释如下：

代码第①处 import tkinter as tk 导入 tkinter 模块，并将其存为 tk，方便后续使用。

代码第②处 window = tk.Tk( )创建一个 Tk 根窗口对象，命名为 window。

代码第③处 window.title（“我的第一个 Tkinter 程序”）设置窗口的标题文本为“我的第一个 Tkinter 程序”。

代码第④处 window.geometry("400x300")设置窗口的初始大小为 400 像素宽、300 像素高。

代码第⑤处 window.mainloop( )进入主事件循环。程序会等待用户交互事件并进行相应处理，比如单击关闭窗口等，mainloop 使窗口持续运行直到被关闭。没有它，窗口会一闪而过无法维持。

所以这段代码创建了一个标题为“我的第一个 Tkinter 程序”、大小为 400×300 的空窗口，并使其一直显示直到用户主动关闭。

这就是一个使用 Tkinter 构建 GUI 应用的基本流程和组成元素，我们可以在此基础上继续添加各种控件和功能来建立完整的 GUI 程序。

11.2.1 添加控件到窗口

老师，我学习了 Tkinter 的基本用法，已经可以创建一个空窗口了。请问该如何在窗口里添加一些控件呢？

添加控件到 Tkinter 窗口的基本步骤是：

1）导入控件对应的模块，如 tkinter.ttk。

2）创建控件，传入父容器（如 root 窗口）。

3）设置控件的相关属性，如文字、大小等。

4）使用 pack( )或 grid( )方法放置控件。

5）在主事件循环中显示窗口。

如下代码实现了添加一个按钮到窗口：

```
# coding=utf-8
import tkinter as tk
# 创建主窗口
window = tk.Tk()
# 设置窗口标题
window.title("我的第一个 Tkinter 程序")
# 设置窗口大小
window.geometry("400x300")
① btn = tk.Button(window, text="点击我")
② btn.pack()
# 运行主循环
window.mainloop()
```

上述代码第①处 tk.Button 代表创建一个按钮控件的类，在 Button 初始化时，需要指定父容器，也就是该按钮将被放置在哪个窗口，这里是我们之前创建的 window，text 参数用来设置按钮显示的文本，这里设置为“点击我”。

代码第②处调用 pack( ) 来放置这个按钮位置，pack( ) 是一种布局管理方法，可以顺序排列的方式放置控件，控制控件的对齐方向和填充方式，有关布局将在 11.4 节详细介绍。

11.2.2 给控件添加事件处理

事件处理是指在用户与图形界面交互时，程序对用户操作做出响应的过程，在 Tkinter 中，可以通过绑定事件处理函数来响应各种事件，主要有以下两种方式。

1. 命令回调函数

对于按钮、菜单等控件，可以在创建时通过 command 参数直接绑定一个回调函数：

```
# coding=utf-8
import tkinter as tk

# 单击事件函数
① def button_clicked():
    print("按钮被点击了!")

# 创建主窗口
window = tk.Tk()
window.title("我的 GUI 程序")
```

```
window.geometry("400x300")

# 创建按钮并绑定单击事件
② btn = tk.Button(window, text="点击我", command=button_clicked)
btn.pack()

# 主事件循环
window.mainloop()
```

上述代码第①处定义了按钮的单击事件处理函数 button_clicked( )。

代码第②处创建按钮，并通过 command 参数直接绑定该函数，这样当按钮被单击时，会自动调用 button_clicked 函数。

2. 绑定事件方法

使用控件的 bind 方法，可以绑定事件响应函数到特定事件：

```
# coding=utf-8
import tkinter as tk

# 单击事件函数
① def click_handler(event):
    print("按钮被点击了!")

# 创建主窗口
window = tk.Tk()
window.title("我的 GUI 程序")
window.geometry("400x300")

btn = tk.Button(window, text='点击我')
② btn.bind('<Button-1>', click_handler)  # 绑定左键单击事件
btn.pack()

# 主事件循环
window.mainloop()
```

上述代码第①处定义了一个 click_handler 函数，该函数带有一个 event 参数，这个 event 参数在 Tkinter 中绑定事件时是非常重要的，它代表当前的事件对象，可以通过它获取事件的相关信息，如事件发生的确切时间、事件类型、当前控件、坐标位置等。

所以在使用 bind 方法绑定事件回调函数时，需要定义带有这个 event 参数的函数。

代码第②处使用 btn.bind( )方法，将 click_handler 函数绑定到按钮的'<Button-1>'事件上。

'<Button-1>'表示鼠标左键单击事件。

btn.bind( )意味着当按钮 btn 被单击时，会调用 click_handler 函数，并将事件 event 对象传递进去。

在 click_handler 函数中可以通过 event 对象参数来获取更多信息，如判断是左键单击还是双击等。

这样绑定事件回调函数的方式非常灵活，可以在程序运行过程中动态改变绑定。

而使用 command 参数绑定，则是在创建控件时直接指定回调函数。

总之，bind 方式绑定事件可以获得事件对象，从而获取更多上下文信息，编写出更丰富的事件处理逻辑。

<Button-1>是 Tkinter 中表示鼠标左键单击的一个事件代码。

在 Tkinter 的事件绑定方法 bind( )中，可以使用这些前后带尖括号的字符串来表示鼠标或键盘事件。

例如：

- <Button-1>：鼠标左键单击。
- <Button-2>：鼠标中键单击。
- <Button-3>：鼠标右键单击。
- <Double-Button-1>：鼠标左键双击。
- <KeyPress-A>：按下〈A〉键。
- <Shift-Up>：按下〈Shift〉键和方向键〈↑〉。

当 bind 一个函数到<Button-1>事件时：

```
btn.bind('<Button-1>', clicked)
```

这意味着当用户单击鼠标左键时，会触发 clicked( )函数的调用。

同样，可以监听鼠标移动、键盘输入等事件，从而将事件发生时调用指定的函数来做出响应。

11.2.3 训练营 1：熟悉事件处理

小明正在学习 Tkinter 图形界面编程。老师给他出了一个练习，要求实现一个可以与用户交互的简单 GUI 程序。程序需要满足：

1）有一个文本输入框，可以让用户输入文本。

2）有一个按钮，单击后将输入框中的内容显示在标签组件上。

3）输入框内容改变时，也自动更新标签显示。

4）用户单击窗口时，在终端打印出当前输入文本的长度。

5）用户双击窗口时，清空输入框和标签中的内容。

这个练习的目的是让小明熟悉 Tkinter 的各种控件的使用，以及练习事件绑定的方法，来实现一个带交互的 GUI 程序。

老师希望小明能通过这个案例掌握如何在 Tkinter 中获取用户输入，进行事件绑定和编程，使程序能够对不同的鼠标键盘操作做出反应。这是一个非常实用的 GUI 程序开发技能训练。

编写这个交互 GUI 程序的练习代码，并仔细实现各项功能要求，对 Tkinter 编程能力的提高非常有帮助。

参考代码如下：

```
# coding=utf-8
import tkinter as tk


root = tk.Tk()
root.geometry("400x300")
# 输入框
input_entry = tk.Entry(root)
input_entry.pack()

# 标签
output_label = tk.Label(root, text='')
output_label.pack()

# 按钮 click 事件,更新标签内容
def update_label():
    output_label['text'] = input_entry.get()

update_btn = tk.Button(root, text='更新', command=update_label)
update_btn.pack()

# 输入框内容变化事件,自动更新标签
def update_on_input(event):
    output_label['text'] = input_entry.get()

input_entry.bind('<KeyRelease>', update_on_input)

# 窗口单击事件,打印输入长度
```

```
def print_input_len(event):
    print(len(input_entry.get()))

root.bind('<Button-1>', print_input_len)

# 窗口双击事件,清空输入和标签
def clear_input(event):
    input_entry.delete(0, tk.END)
    output_label['text'] = ''

root.bind('<Double-Button-1>', clear_input)
root.mainloop()
```

这段代码示例实现了练习要求的各个功能，使用了输入框、按钮、标签以及绑定各种鼠标键盘事件来更新界面和显示信息。

代码注释也标明了每个功能模块的具体逻辑，这里不再赘述。

11.3 布局管理

老师，请问在 Tkinter 里面怎样管理布局，使界面控件能够整齐排列？

Tkinter 中有几种布局管理器可以使用：

- pack 布局管理器，它会按顺序排列控件，可以设置控件的对齐方向，使用简单。
- grid 布局管理器，它基于表格的布局，可以通过行和列灵活地放置控件。

- place 布局管理器，直接指定控件的坐标，类似绝对定位，比较难以维护。

这些管理器应该怎么选择使用呢？

一般来说，简单的线性布局用 pack，需要行列排列的用 grid，只精确定位单个控件时采用 place。

pack 就如同流水线排列，grid 则像表格单元格那样灵活。对于日常 GUI 布局，先用 grid 分区，再用 pack 排列就可以满足大多数需求了。

原来如此，打个比方就比较容易理解了。那我平时用 Tkinter 时，主要练习掌握 pack 和 grid 就可以了。

是的，掌握这两种布局管理器的用法，可以构建比较复杂的 GUI 界面。place 仅在特殊定位需求时使用。

11.3.1 pack 布局

11.2 节介绍的示例中虽然用到了 pack 布局，但是只用到了 pack 布局的 side 属性，pack 布局的主要属性还有。

- fill 属性：设置控件在父容器中的填充方向。取值为 X（沿 X 轴方向填充）、Y（沿 Y 轴方向填充）、BOTH（沿两个方向填充）和 NONE，fill 属性默认值是 NONE。
- expand 属性，可以设置 fill 属性是否生效。如果想让 fill 属性生效，则需要将 expand 设置为 YES、TRUE、ON 或 1；如果想让 fill 属性失效，则需要将 expand 设置为 NO、FALSE、OFF 或 0，expand 属性默认是 0。

pack 布局示例代码如下：

```
# coding=utf-8
import tkinter as tk

root = tk.Tk()

# 在顶部用 pack 排列 logo 标签
logo = tk.Label(root, text="Python", bg="lightgreen")
logo.pack(side='top', fill='both')
```

```
# 在顶部用 pack 排列欢迎标签
label = tk.Label(root, text="Welcome to GUI 编程世界", font="Arial 16 bold")
label.pack(side='top', fill='both')

# 创建一个框架容器,用 pack 放在左侧并扩充空间
frame = tk.Frame(root)
frame.pack(side='left', fill='both', expand=True)

# 在框架内继续用 pack 垂直排列两个按钮
btn1 = tk.Button(frame, text="Button1")
btn1.pack(side='top')

btn2 = tk.Button(frame, text="Button2")
btn2.pack(side='top')

root.mainloop()
```

上述代码结果如图 11-3 所示。

图 11-3　代码结果（一）

11.3.2 grid 布局

grid 布局通过 row 和 column 属性指定控件在单元格中的位置，过 row 和 column 属性从 0 开始。grid 布局示例代码如下：

```
# coding=utf-8
#  grid 布局

import tkinter as tk  # 导入 tkinter 模块
```

```
# 声明颜色列表 colours
colours = ['red','green','orange','white','yellow','blue']

window = tk.Tk()  # 创建窗口对象
window.geometry('260x160')  # 设定窗口的大小(宽×高)
window.title('grid 布局')  # 设定窗口的标题

row_no = 0  # 声明行号变量
for col_no in colours:  # 遍历颜色列表 colours
    # 设置标签在 grid 布局中位置
①   tk.Label(text=col_no, width=15).grid(row=row_no, column=0)
    # 设置文本输入框(Entry)在 grid 布局中位置
②   tk.Entry(bg=col_no, width=10).grid(row=row_no, column=1)
    row_no += 1  # 累加 row_no 变量

window.mainloop()
```

上述代码结果如图 11-4 所示。

代码第①处创建标签控件，以及控件在 grid 布局中的位置，控件由 grid（row = row_no，column = 0）方法实现，其中，参数 row 和 column 用于设置 grid 布局中的行号和列号。

代码第②处创建文本输入框，以及控件在 grid 布局中的位置，其中 Entry 是文本输入框。

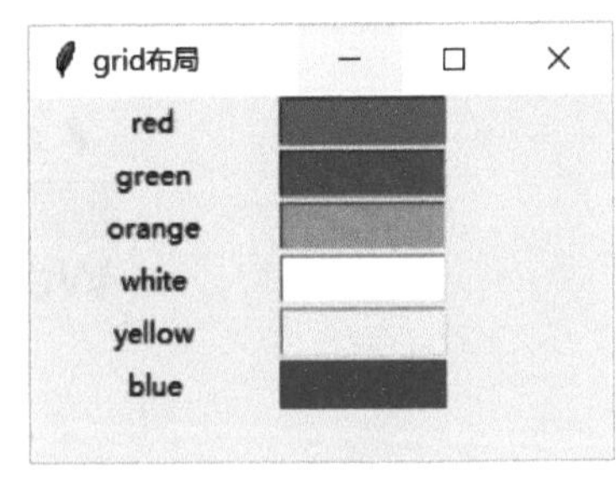

图 11-4　代码结果（二）

11.4 常用控件

Tkinter 提供了很多控件，本节介绍一些常用的控件，包括文本输入框、文本区、复选框、单选按钮、列表和下拉列表。

11.4.1 文本输入框控件

文本输入框是只能输入单行数据的控件，Tkinter 的文本输入框类是 Entry。

下面通过示例介绍文本输入框的使用，如图 11-5 所示的窗口中有两个控件，包括一个标签和一个按钮。单击下方按钮后，可以修改标签内容。

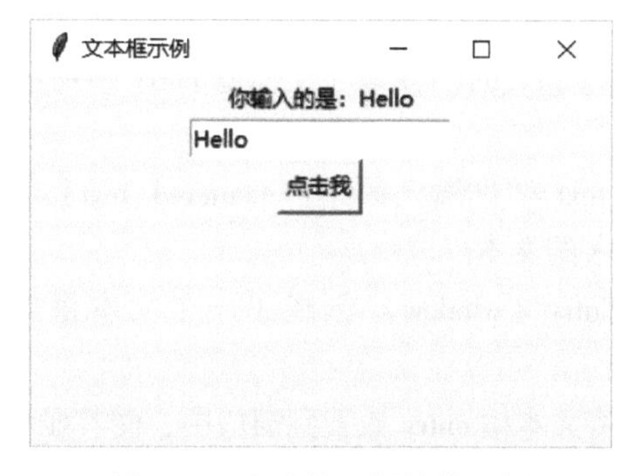

图 11-5　文本输入框控件示例

示例代码如下：

```
# coding=utf-8
# Entry 组件
import tkinter as tk

def on_button_click():
①    entered_text = entry.get()
②    label.config(text="你输入的是:" + entered_text)

window = tk.Tk()
window.title("文本框示例")
window.geometry('320x200')  # 设定窗口的大小(宽×高)
# 创建标签控件
label = tk.Label(window, text="请输入文本:")
label.pack()

# 创建文本框控件
③ entry = tk.Entry(window)
④ entry.pack()

# 创建按钮控件
button = tk.Button(window, text="点击我", command=on_button_click)
button.pack()

window.mainloop()
# 将窗口对象加入到主事件循环
```

解释代码如下：

代码第①处 entered_text = entry.get()获取了文本框 entry 中用户输入的文本，并将其存储在变量 entered_text 中。

代码第②处 label.config（text="你输入的是："+entered_text）将标签 label 的文本内容设置为"你输入的是："加上用户输入的文本。

代码第③处 entry = tk.Entry（window）创建了一个文本框控件 entry，它会显示在窗口 window 中。

代码第④处 entry.pack()将文本框 entry 放置到窗口中，使其显示在窗口中。

11.4.2 文本区控件

Text 控件是 Tkinter 中用于显示和编辑多行文本的控件。

下面通过示例介绍文本区控件的使用，图 11-6 所示的窗口中包含一个标签、一个文本区和一个按钮。用户可以在文本区中输入多行文本，然后单击按钮，输入的文本将显示在标签上。

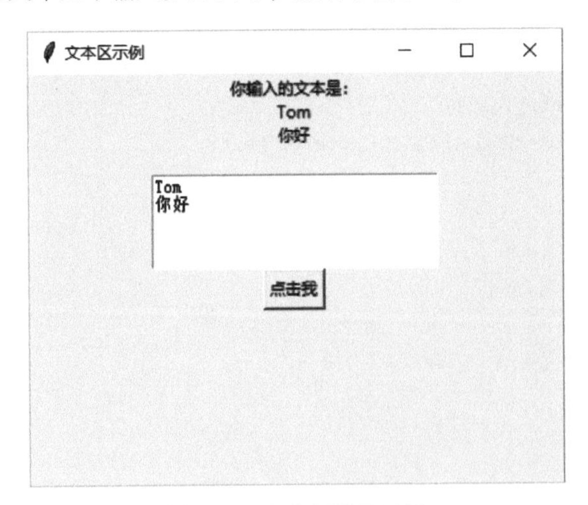

图 11-6　文本区控件示例

示例代码如下：

```
# coding=utf-8
# 文本区控件
import tkinter as tk

def on_button_click():
①    entered_text = text.get("1.0", tk.END)
```

```
②     label.config(text="你输入的文本是:\n" + entered_text)

window = tk.Tk()
window.geometry("400x300")
window.title("文本区示例")

# 创建标签控件
label = tk.Label(window, text="请输入文本:")
label.pack()

# 创建文本区控件
③ text = tk.Text(window, height=5, width=30)
text.pack()

# 创建按钮控件
button = tk.Button(window, text="点击我", command=on_button_click)
button.pack()

window.mainloop()
```

解释代码如下：

代码第①处 entered_text = text.get("1.0", tk.END)获取了文本区 text 中的文本内容。"1.0"表示获取从第一行第一个字符开始到文本区末尾（tk. END）的所有文本。

代码第②处 label.config（text="你输入的文本是:\n" + entered_text）将标签 label 的文本内容设置为"你输入的文本是:"加上用户输入的文本，其中“\ n”用于换行显示。

代码第③处 text = tk.Text（window，height=5，width=30）创建了一个文本区控件 text，用于显示和编辑多行文本。通过设置 height 和 width 参数，我们指定了文本区的高度和宽度。

11.4.3 复选框

能够有多个选项的控件是复选框，Tkinter 提供的复选框类是 Checkbutton，复选框有时也单独使用，能提供两种状态的开和关。

下面通过示例介绍复选框，如图 11-7a 所示的窗口中有一个复选框，当用户单击勾选复选框时，复选框中状态会改变，同时修改标签内容如图 11-7b 所示。

示例代码如下：

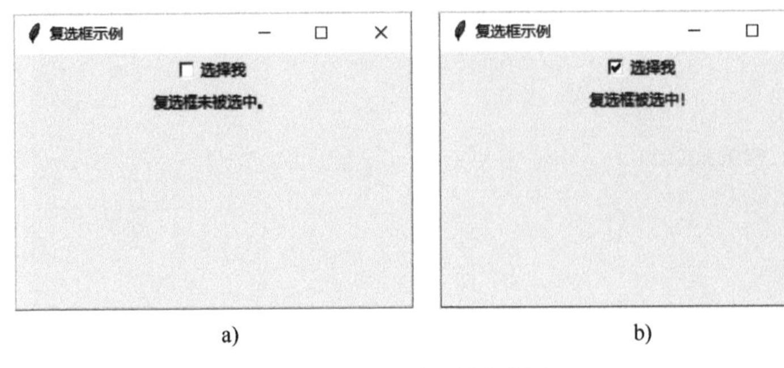

a) b)

图 11-7 复选框示例

```
# coding=utf-8
# 复选框
import tkinter as tk

def on_checkbox_click():
①    if checkbox_var.get() == 1:
        label.config(text="复选框被选中！")
    else:
        label.config(text="复选框未被选中。")

window = tk.Tk()
window.title("复选框示例")
window.geometry('320x200')  # 设定窗口的大小(宽×高)

# 创建复选框变量
② checkbox_var = tk.IntVar()

# 创建复选框控件
③ checkbox = tk.Checkbutton(window, text="选择我", variable=checkbox_var, command=on_
checkbox_click)
checkbox.pack()

# 创建标签控件
label = tk.Label(window, text="请点击复选框")
label.pack()
window.mainloop()
```

代码解释如下：

代码第①处检查复选框的状态。通过 checkbox_var.get( ) 方法获取复选框绑定的变量 checkbox_var 的值，如果值为 1，则表示复选框被勾选。

代码第②处创建了一个整型变量 checkbox_var，用于存储复选框的状态。通过将这个变量与复选框的 variable 参数绑定，可以实现复选框的勾选和取消勾选的功能。

代码第③处创建了一个复选框控件 checkbox。通过设置 text 参数，我们指定了复选框的文本内容为 "选择我"。将 variable 参数设置为 checkbox_var，使复选框的状态与变量 checkbox_var 关联起来。通过 command 参数，我们将复选框的单击事件与 on_checkbox_click 函数关联起来，当复选框被单击时会调用这个函数。

11.4.4 单选按钮

Tkinter 中单选功能的控件是单选按钮（Radiobutton），同一组的多个单选按钮应该具有互斥特性，这也是为什么单选按钮也称为收音机按钮（RadioButton），就是当一个按钮按下时，其他按钮一定释放。

下面通过示例介绍单选按钮。在图 11-8 所示的界面中有两组单选按钮，它们把两组按钮分组到不同的框架中，这样可以使界面布局更清晰，同时实现按钮各自的互斥性。

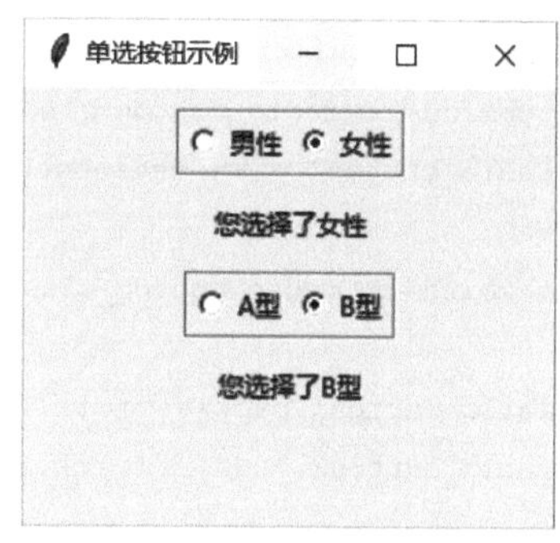

图 11-8　单选按钮示例

示例代码如下：

```python
# coding=utf-8
import tkinter as tk

def on_radio_button_click():
    selected_option1 = group_var1.get()
    selected_option2 = group_var2.get()
    if selected_option1 == "male":
        label1.config(text="您选择了男性")
    elif selected_option1 == "female":
        label1.config(text="您选择了女性")

    if selected_option2 == "A":
        label2.config(text="您选择了 A 型")
    elif selected_option2 == "B":
```

```
        label2.config(text="您选择了B型")

window = tk.Tk()
window.title("单选按钮示例")
window.geometry("250x200")

# 创建上方框架
① frame1 = tk.Frame(window, bd=2, relief=tk.GROOVE)
frame1.pack(pady=10)

# 创建单选按钮组1
② group_var1 = tk.StringVar()

③ radio_button1 = tk.Radiobutton(frame1, text="男性", variable=group_var1, value="male",
command=on_radio_button_click)
④ radio_button2 = tk.Radiobutton(frame1, text="女性", variable=group_var1, value="fe-
male",
command=on_radio_button_click)

radio_button1.pack(side=tk.LEFT)
radio_button2.pack(side=tk.LEFT)

# 设置默认选中项
group_var1.set("male")

# 创建标签控件1
label1 = tk.Label(window, text="请选择性别")
label1.pack()

# 创建下方框架
frame2 = tk.Frame(window, bd=2, relief=tk.GROOVE)
frame2.pack(pady=10)

# 创建单选按钮组2
⑤ group_var2 = tk.StringVar()

⑥ radio_button3 = tk.Radiobutton(frame2, text="A型", variable=group_var2, value="A", com-
mand=on_radio_button_click)
```

```
⑦ radio_button4 = tk.Radiobutton(frame2, text="B 型", variable=group_var2, value="B", command=on_radio_button_click)

   radio_button3.pack(side=tk.LEFT)
   radio_button4.pack(side=tk.LEFT)

   # 设置默认选中项
   group_var2.set("A")

   # 创建标签控件 2
   label2 = tk.Label(window, text="请选择血型")
   label2.pack()
   window.mainloop()
```

上述代码解释如下：

代码第①处创建一个框架 frame1，并设置边框宽度为 2，边框样式为 tk.GROOVE，使其具有凸起的外观。

代码第②处创建一个 StringVar 类型的变量 group_var1，用于存储单选按钮组 1 的选中项。

代码第③处在 frame1 框架中创建一个单选按钮 radio_button1，设置文本内容为 "男性"，将其与 group_var1 变量绑定，设置值为 "male"，并指定单击时调用 on_radio_button_click 函数。

代码第④处在 frame1 框架中创建另一个单选按钮 radio_button2，设置文本内容为 "女性"，将其与 group_var1 变量绑定，设置值为 "female"，并指定单击时调用 on_radio_button_click 函数。

代码第⑤处创建一个 StringVar 类型的变量 group_var2，用于存储单选按钮组 2 的选中项。

代码第⑥处在 frame2 框架中创建一个单选按钮 radio_button3，设置文本内容为 "A 型"，将其与 group_var2 变量绑定，设置值为 "A"，并指定单击时调用 on_radio_button_click 函数。

代码第⑦处在 frame2 框架中创建另一个单选按钮 radio_button4，设置文本内容为 "B 型"，将其与 group_var2 变量绑定，设置值为 "B"，并指定单击时调用 on_radio_button_click 函数。

上述代码中单选按钮组 1 和单选按钮组 2 的选中状态分别由 group_var1 和 group_var2 变量存储，单击单选按钮时会调用 on_radio_button_click 函数进行相应的处理。

11.4.5 列表

列表控件提供了列表选项，列表控件可以单选或多选。Tkinter 提供的列表控件类是 Listbox。

下面通过示例介绍列表控件。图 11-9 所示的界面中有一个列表控件，当选项改变时会将选中信息输出到控制台。

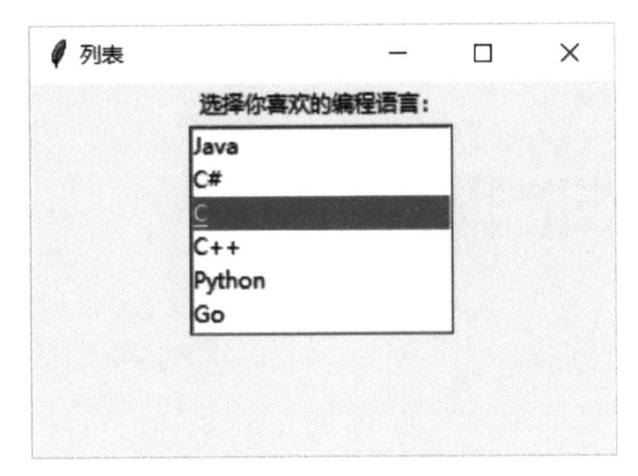

图 11-9　列表示例

示例代码如下：

```
# coding=utf-8
# 列表

import tkinter as tk

window = tk.Tk()
window.geometry('320x200')
window.title('列表')

langs = ('Java', 'C#', 'C', 'C++', 'Python', 'Go', 'JavaScript',
        'PHP', 'Swift', 'Objective-C')

langs_var = tk.StringVar(value=langs)  # 声明 StringVar 对象,用于绑定列表控件的 listvariable 属性

tk.Label(text="选择你喜欢的编程语言:").pack()
listbox = tk.Listbox(  # 创建列表对象
    window,
    listvariable=langs_var,
    height=6,  # 设置列表控件的高度
    selectmode=tk.SINGLE)  # 设置列表为单选模式

listbox.pack()

# 事件处理函数
```

```
    def selected_changed(event):
        # 获得选项的索引
①       selected_idx = listbox.curselection()[0]
        # 获得选项内容
        item = listbox.get(selected_idx)
        print(item)

    # 绑定列表选项变化事件
②   listbox.bind('<<ListboxSelect>>', selected_changed)

    window.mainloop()
```

在上述代码中需要注意在创建列表对象时 height 属性，该属性是设置列表控件最多显示 6 个项目，超过 6 个不会显示，可以滚动鼠标显示。

代码第①处返回选中列表的索引，注意 curselection( ) 方法返回选中的列表，由于设置了单选模式，因此这个选中列表最多只有一个元素。

代码第②处通过 bind( ) 方法绑定列表选项变化事件。

11.4.6 下拉列表

下拉列表控件是由一个文本框和一个列表选项构成的，如图 11-10 所示，选项列表是收起来的，默认每次只能选择其中的一项。Tkinter 提供的下拉列表控件类是 Combobox。

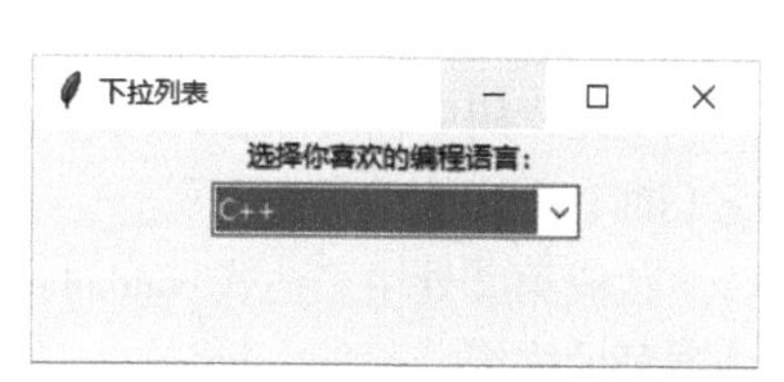

图 11-10　下拉列表示例

下面通过示例介绍下拉列表控件。图 11-10 所示的界面中有一个下拉列表控件，当选项改变时会将选中信息输出到控制台。

示例代码如下：

```
    # coding=utf-8
    # 下拉列表

    import tkinter as tk  # 导入 tkinter 模块
①   from tkinter import ttk  # 导入 ttk 模块

    window = tk.Tk()
    window.geometry('320x100')
```

```
window.title('下拉列表')

langs = ('Java', 'C#', 'C', 'C++', 'Python', 'Go', 'JavaScript',
         'PHP', 'Swift', 'Objective-C')

tk.Label(text="选择你喜欢的编程语言:").pack()
combobox = tk.ttk.Combobox(  # 创建下拉列表对象
    window,
    values=langs,
    state="readonly")  # 设置下拉列表为只读模式

combobox.pack()

# 事件处理函数
def selected_changed(event):
②    print(combobox.current(), combobox.get())

# 绑定下拉列表选项变化事件
combobox.bind('<<ComboboxSelected>>', selected_changed)

window.mainloop()
```

上述代码中需要注意，代码第①处引入了 tkinter 模块中的 ttk 包，ttk 包也提供了一些控件，它们拥有更好的跨平台外观。

代码第②处中表达式 combobox.current( ) 获得选中选项的索引，表达式 combobox.get( ) 获得选中选项的内容。

11.5 训练营 2：熟悉布局管理

小明正在学习 Tkinter 的布局管理，老师给大家布置了一个练习任务：设计一个登录界面程序，如图 11-11 所示。

老师要求利用框架布局和网格布局组合实现界面，包含用户名、密码输入框，并在单击“登录”按钮时验证用户名和密码。

这个任务的目的是让学生熟练运用 grid 布局实现表单样式的布局，同时绑定按钮事件，编写事件处理函数。

图 11-11　登录界面

小明思考了一下界面需要的组件，然后开始着手实现：

1）首先他用 Tk 和 Frame 创建窗口和框架。

2）然后在 Frame 上利用 Label 和 Entry 添加用户名、密码标签和输入框。

3）接着用 grid 进行二维网格布局，指定每个组件所在的行和列。

4）最后添加“登录”按钮和单击的回调函数，用于处理登录事件。

小明经过一番努力，成功利用 grid 布局实现了登录界面，并绑定了按钮单击事件，编写了验证用户名密码的逻辑。

通过这个练习，小明掌握了如何利用 grid 布局实现表单样式的界面，也加深了对 tkinter 事件处理的理解，这为他后面开发项目奠定了基础。

示例代码如下：

```
# coding=utf-8

from tkinter import *

def login():
    username = user_entry.get()
    password = pwd_entry.get()

    # 在这里添加登录逻辑,比如验证用户名和密码等
    # 示例中只打印用户名和密码
    print("用户名:", username)
    print("密码:", password)

root = Tk()
root.title("登录系统")
root.geometry("250x110")

label = Label(root, text="登录系统")
label.pack()

frame = Frame(root)
frame.pack()

user_label = Label(frame, text="用户名")
pwd_label = Label(frame, text="密码")
① user_entry = Entry(frame)
```

```
② pwd_entry = Entry(frame, show="*")  # 使用 * 来隐藏密码

user_label.grid(row=0, column=0)
pwd_label.grid(row=1, column=0)
user_entry.grid(row=0, column=1)
pwd_entry.grid(row=1, column=1)

login_button = Button(root, text="登录", command=login)
login_button.pack()

root.mainloop()
```

上述代码第①处创建了一个名为 user_entry 的输入框控件，并将其添加到框架 frame 中。这个输入框用于用户输入用户名。

代码第②处创建了一个名为 pwd_entry 的输入框控件，并将其添加到框架 frame 中。这个输入框用于用户输入密码。show="*"参数用于设置输入框中输入的文本显示为"*"，以隐藏密码的实际内容。

11.6 总结与扩展

总结扩展

总结：

- GUI 编程是一种创建图形用户界面的技术，它能够通过可视化的界面和交互性的控件来与用户进行交互。
- Tkinter 是 Python 中最常用的 GUI 编程库，它提供了丰富的控件和布局管理方式。
- 事件处理是 GUI 编程中的重要部分，可以通过绑定事件处理函数来响应用户的操作和交互。
- 布局管理决定了控件在界面中的位置和排列方式，pack 布局和 grid 布局是两种常用的布局管理方式。
- 常用控件包括文本输入控件、复选框、单选按钮、列表和下拉列表等，它们可以用于获取用户输入、显示信息和进行选择操作。

扩展：

除了 Tkinter，还有其他的 GUI 编程库可供选择，如 PyQt、wxPython 等。读者可以了解和尝试其他 GUI 库，以找到适合自己项目的工具。

11.7 同步练习

【练习 11-1】：创建一个简单的计算器应用程序，包含数字按钮、运算符按钮和显示结果的文本框。

【练习 11-2】：实现一个简单的游戏，如猜数字或石头、剪刀、布游戏，包含用户输入控件和游戏结果显示的文本框。

第 12 章 畅游信息的海洋——网络编程

老师，我听说 Python 不仅可以做 GUI 编程，在网络编程方面也很强大，是真的吗？

没错，Python 在网络编程方面也有很突出的表现。掌握了网络编程，可以让你的 Python 程序实现更强大的功能。

那网络编程主要用来做什么呢？

网络编程可以用来抓取网络数据、获取网络资源，也可以让程序进行网络通信，实现网络数据的传输。

这听起来很有用啊！我的确经常需要用代码去获取一些网站的数据。

是的，网络编程在很多应用场景下都非常必要。如果掌握了网络编程，就可以开发出更强大的应用程序。

12.1 网络基础

网络编程需要程序员掌握一些基础的网络知识，这一节先介绍一些网络基础知识。

12.1.1 TCP/IP 协议

网络通信会用到协议，其中 TCP/IP 协议是非常重要的。TCP/IP 协议是由 IP 和 TCP 两个协议构成的。IP（Internet Protocol）协议是一种低级的路由协议，它将数据拆分到许多小的数据包中，并通过网络将它们发送到某一特定地址，但无法保证所有包都抵达目的地，也不能保证包的顺序。由于 IP 协议传输数据的不安全性，网络通信时还需要传输控制协议（Transmission Control Protocol，TCP）。TCP 是一种高层次的、面向连接的可靠数据传输协议，如果有些数据包没有收到会重发，并对数据包内容的准确性进行检查，以保证数据包顺序，所以该协议能够保证数据包安全地按照发送顺序送达目的地。

12.1.2 IP 地址

为实现网络中不同计算机之间的通信，每台计算机都必须有一个与众不同的标识，这就是 IP 地址，TCP/IP 使用 IP 地址来标识源地址和目的地址。最初所有的 IP 地址都是 32 位的数字，由 4 个 8 位的二进制数组成，每 8 位之间用圆点隔开，如 192.168.1.1，这种类型的地址通过 IPv4 指定。而现在有一种新的地址模式称为 IPv6，IPv6 使用 128 位数字表示一个地址，分为 8 个 16 位块。尽管 IPv6 比 IPv4 有很多优势，但是由于习惯的问题，很多设备还是采用 IPv4。不过 Python 语言同时支持 IPv4 和 IPv6。

在 IPv4 地址模式中，IP 地址分为 A、B、C、D 和 E 这 5 类。

- A 类地址用于大型网络，地址范围：1.0.0.1~126.155.255.254。
- B 类地址用于中型网络，地址范围：128.0.0.1~191.255.255.254。
- C 类地址用于小规模网络，地址范围：192.0.0.1~223.255.255.254。
- D 类地址用于多目的地信息的传输和备用。
- E 类地址保留，仅做试验和开发用。

另外，有时还会用到一个特殊的 IP 地址 127.0.0.1，称为回送地址，指本机。127.0.0.1 主要用于网络软件测试以及本机进程间通信，使用回送地址发送数据，不进行任何网络传输，只在本机进程间通信。

12.1.3 HTTP/HTTPS 协议

互联网访问大多都基于 HTTP/HTTPS 协议。下面将介绍 HTTP/HTTPS 协议。

1. HTTP 协议

HTTP 是 Hypertext Transfer Protocol 的缩写，即超文本传输协议。HTTP 属于应用层的面向对象的协议，其简捷、快速的方式适用于分布式超文本信息的传输。它于 1990 年提出，经过多年的使用，不断得到完善和扩展。HTTP 协议支持 C/S 网络结构，是无连接协议，即每一次请求时建立连接，服务器处理完客户端的请求后，应答给客户端然后断开连接，不会一直占用网络资源。

HTTP/1.1 协议共定义了 8 种请求方法：OPTIONS、HEAD、GET、POST、PUT、DELETE、TRACE 和 CONNECT。在 HTTP 访问中，一般使用 GET 和 POST 方法。

- GET 方法：向指定的资源发出请求，发送的信息“显式”地跟在 URL 后面。GET 方法只用在读取数据时，如静态图片等。GET 方法有点像使用明信片给别人写信，“信内容”写在外面，接触到的人都可以看到，因此是不安全的。
- POST 方法：向指定资源提交数据，请求服务器进行处理，如提交表单或者上传文件等。数据被包含在请求体中。POST 方法像是把“信内容”装入信封中，接触到的人都看不到，因此是安全的。

2. HTTPS 协议

HTTPS 是 Hypertext Transfer Protocol Secure 的缩写，即超文本传输安全协议，是超文本传输

协议和 SSL 的组合，用以提供加密通信及对网络服务器身份的鉴定。

简单地说，HTTPS 是 HTTP 的升级版，HTTPS 与 HTTP 的区别是，HTTPS 使用 https://代替 http://，HTTPS 使用端口 443，而 HTTP 使用端口 80 来与 TCP/IP 进行通信。SSL 使用 40 位关键字作为 RC4 流加密算法，这对于商业信息的加密是合适的。HTTPS 和 SSL 支持使用 X.509 数字认证，如果需要的话，用户可以确认发送者是谁。

12.1.4 端口

一个 IP 地址标识一台计算机，每一台计算机又有很多网络通信程序在运行，提供网络服务或进行通信，这就需要不同的端口进行通信。如果把 IP 地址比作电话号码，那么端口就是分机号码，进行网络通信时不仅要指定 IP 地址，还要指定端口号。

TCP/IP 系统中的端口号是一个 16 位的数字，它的范围是 0~65535。小于 1024 的端口号保留给预定义的服务，如 HTTP 是 80、FTP 是 21、Telnet 是 23、Email 是 25 等，除非要和那些服务进行通信，否则不应该使用小于 1024 的端口。

12.1.5 URL 概念

互联网资源是通过统一资源定位器（Uniform Resource Locator，URL），URL 组成格式如下：

```
协议名://资源名
```

“协议名”获取资源所使用的传输协议，如 http、ftp、gopher 和 file 等；“资源名”则是资源的完整地址，包括主机名、端口号、文件名或文件内部的一个引用。例如：

- https://www.google.com/。
- http://www.pythonpoint.com/network.html。
- http://www.zhijieketang.com:8800/Gamelan/network.html#BOTTOM。

12.2 Python 网络编程库

Python 提供了丰富的网络编程库，它们主要分为两大类：

- 基于 Socket 低层次通信库，这种通信库要熟悉通信的底层协议，对初学者来说有一定的难度，而且应用场景也不多。
- 基于 Web 编程高层次通信库，这种通信库屏蔽了通信底层细节，对初学者来说容易上手，而应用场景比较多，如网络爬虫程序，本书重点介绍基于 Web 编程的高层次通信库。

12.2.1 urllib 库

urllib 是 Python 标准库中用于处理 URL 的模块之一，提供了一些用于进行 Web 编程的功能。它可以用于发送 HTTP 请求、处理 URL 编码和解码、处理 Cookie 等。

下面是 urllib 模块的一些常用功能：

1. 发送 HTTP 请求

- urllib.request.urlopen(url)：打开一个 URL 并返回一个类似文件对象的响应对象，可以读取响应内容。
- urllib.request.urlretrieve(url, filename)：下载 URL 指定的文件，并保存到本地文件。

2. 处理 URL 编码和解码

- urllib.parse.quote(string)：对字符串进行 URL 编码。
- urllib.parse.unquote(string)：对 URL 编码的字符串进行解码。

3. 处理 Cookie

- urllib.request.build_opener()：创建一个自定义的 URL opener，用于发送 HTTP 请求。
- urllib.request.HTTPCookieProcessor()：创建一个处理 Cookie 的处理器。
- urllib.request.install_opener (opener)：安装一个自定义的 URL opener。
- urllib.request.urlopen (url)：在使用自定义的 opener 后打开 URL。

这些功能使得 urllib 成为一个强大而实用的工具，可用于处理 Web 编程中的各种任务，如获取网页内容、下载文件、发送 POST 请求、处理 Cookie 等。

然而，需要注意的是，urllib 模块是一个较低级别的库，对于一些更高级的 Web 编程任务，如处理表单、处理 JSON 数据、使用会话管理等，可能需要使用其他更专门的库，如 requests 库或 urllib3 库。

使用 urllib 库示例代码如下：

```
# coding=utf-8
# urllib 库

import urllib.request  # 导入模块

# 声明 URL 网址
URL = "http://bang.dangdang.com/books/bestsellers"

# 通过网络发送请求
```

```
① with urllib.request.urlopen(URL) as response:
②     data = response.read()  # 读取网络数据
③     html = data.decode(encoding='gbk', errors='ignore')  # 采用 gbk 编码解码数据,并且忽略编码错误

      print(html)
```

代码运行，输出结果如下：

```
<! DOCTYPE html PUBLIC "-//W3C//DTD XHTML 1.0 Transitional//EN"
"http://www.w3.org/TR/xhtml1/DTD/xhtml1-transitional.dtd">
<htmlxmlns="http://www.w3.org/1999/xhtml">
<head>
<meta http-equiv="Content-Type" content="text/html; charset=gb2312" />
<meta name="keywords" content="图书畅销榜,畅销书推荐,畅销书排行榜,畅销书排行榜" />
<meta name="description" content="当当最新畅销书排行榜-畅销书推荐,提供真实、权威、可信的图书畅销榜数据,查看 2014 畅销书排行榜,就上 DangDang.COM。" />


...
<! -- 页尾 begin --><! --  --><! -- 页尾 end -->
<script type="text/javascript">
$(document).ready(function(){
$(".bang_list li").mouseover(function(){$(this).addClass("hover");})
.mouseout(function(){$(this).removeClass("hover");});

});
</script>

        </body>
</html>
```

上述代码第①处使用 urlopen( ) 函数打开指定的 URL，该函数会发送网络请求并返回一个类似文件对象的响应对象。使用 with 语句可以自动关闭连接，确保资源得到释放。这里的 response 是我们获得的响应对象。

代码第②处使用响应对象的 read( ) 方法读取响应的内容，即网页的源代码，将其保存在 data 变量中。

代码第③处中由于指定的网页采用 GBK 编码，所以使用 decode( ) 方法将原始字节数据解码为字符串。decode( ) 方法接受 encoding 参数指定编码方式，以及 errors 参数指定如何处理解码错误。在这里，我们将编码设置为 GBK，同时忽略解码错误。解码后的内容保存在 html 变量中。

在使用 decode( )方法时即便正确设置了编码，仍然可能会有一些数据无法解码，此时可以设置参数 errors='ignore' 忽略编码错误，使得程序继续执行。

12.2.2 搭建自己的 Web 服务器

老师，请问我们在学习 Python Web 开发时，需要自己搭建 Web 服务器吗？

这个问题提得好。作为学习者，我们的重点是了解服务器的基本工作原理，无需深入研究技术细节。

我明白了，服务器更像是一个工具，我们只要能用好它进行应用部署就可以了。

正确，重要的是通过编程实现应用程序的核心功能和业务逻辑。

那么我们是直接使用现成的服务器更好呢，还是自己搭建一个学习更好呢？

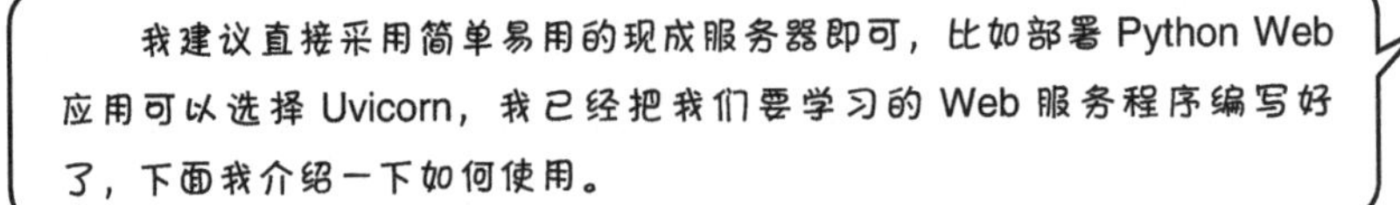

我建议直接采用简单易用的现成服务器即可，比如部署 Python Web 应用可以选择 Uvicorn，我已经把我们要学习的 Web 服务程序编写好了，下面我介绍一下如何使用。

（1）安装环境

首先，我们需要通过如下指令安装所需环境：

```
pip install fastapi python-multipart uvicorn
```

（2）启动 Uvicorn 服务

环境安装好后，通过如下指令运行 Uvicorn 服务器，Uvicorn 是运行 FastAPI 的基于 ASGI 的服务器。ASGI（Asynchronous Server Gateway Interface）是一种异步 Web 服务器和 Web 框架之间的标准接口。

```
uvicorn app:app
```

uvicorn app:app 是用 Uvicorn 服务器运行一个 ASGI 应用程序的命令。

具体解释如下。

- uvicorn：调用 uvicorn 模块中的命令行接口。
- app：指定程序入口文件或者应用对象。
- app：表示程序文件 app.py 中名为“app”的 ASGI 应用实例，也就是笔者编写的 Web 服务程序，如图 12-1 所示的 app.py。

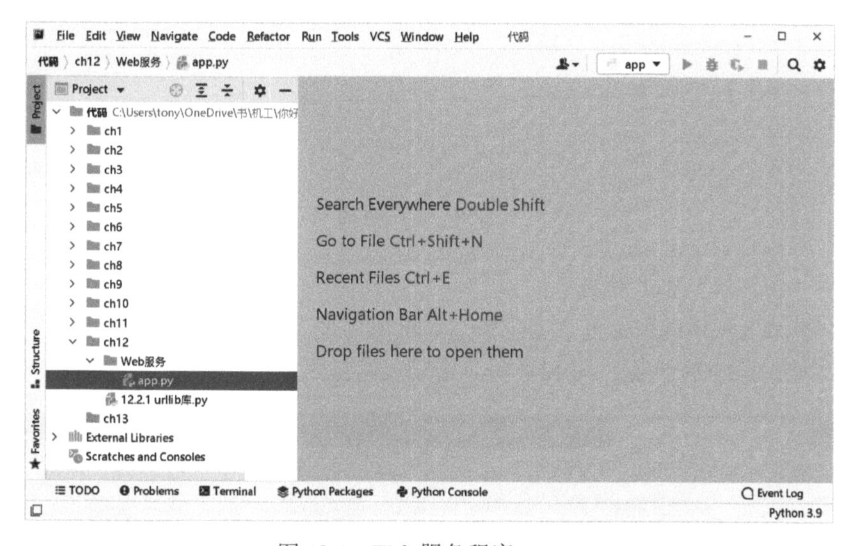

图 12-1　Web 服务程序 app.py

命令行中使用 uvicorn 启动 server 的过程如图 12-2 所示，可见启动服务的默认端口是 8000。

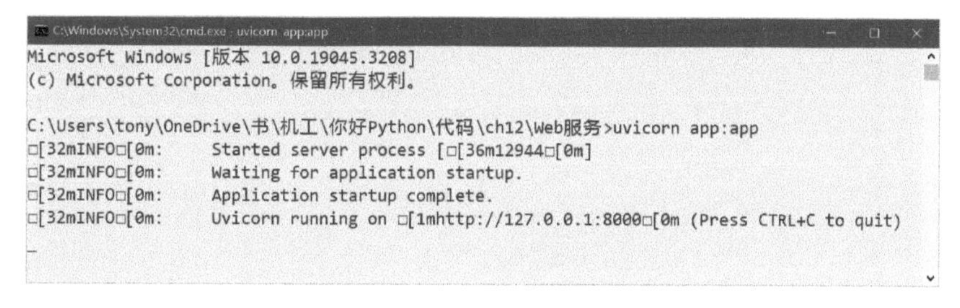

图 12-2　运行 app.py 服务程序

（3）测试服务器

服务器启动起来后需要测试一下，打开浏览器在地址栏中输入 URL 网址“http://127.0.0.1:8000”，进入图 12-3 所示的测试页面。

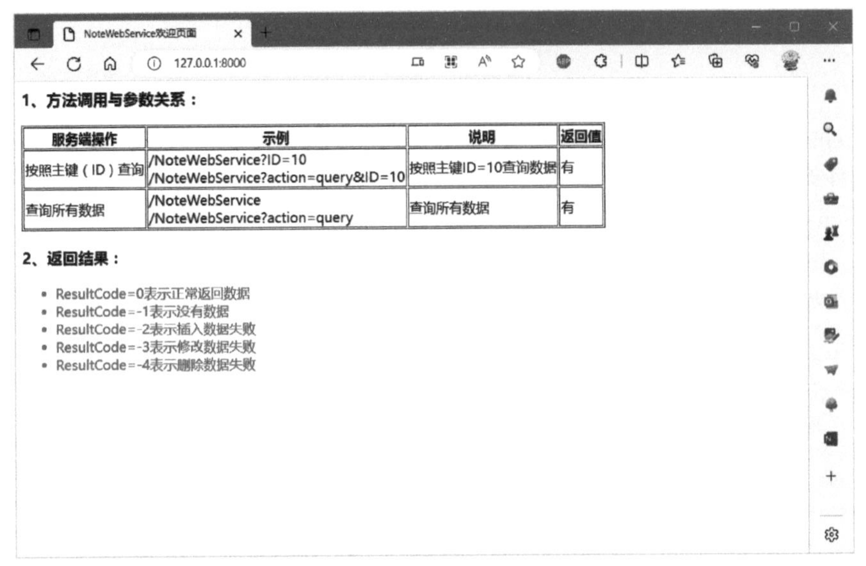

图 12-3　测试页面

（4）使用“备忘录”Web 服务

事实上，图 12-3 所示的页面是“备忘录”Web 服务的帮助页面，“备忘录”Web 服务从服务器返回的数据都是 JSON 数据，图 12-4 所示为通过浏览器请求 Web 服务返回所有备忘录信息，

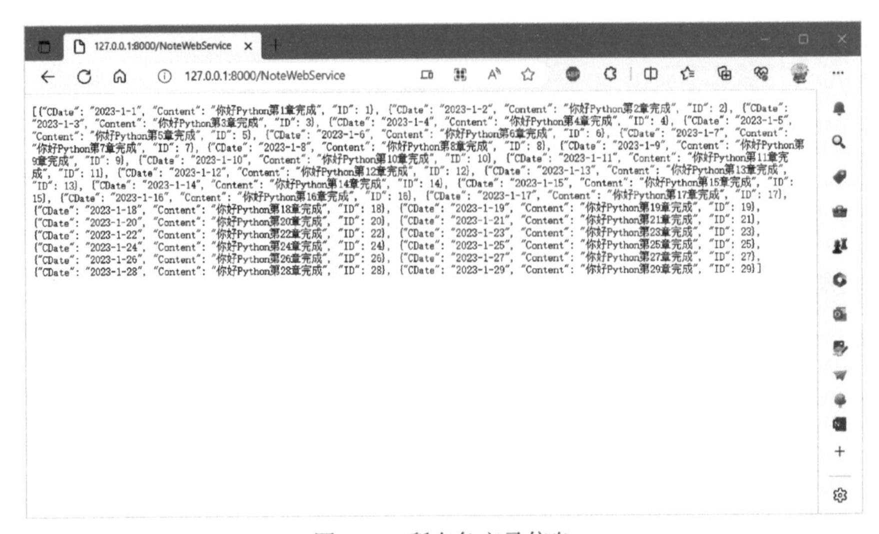

图 12-4　所有备忘录信息

图 12-5 所示为通过备忘录 ID 查询备忘录信息。

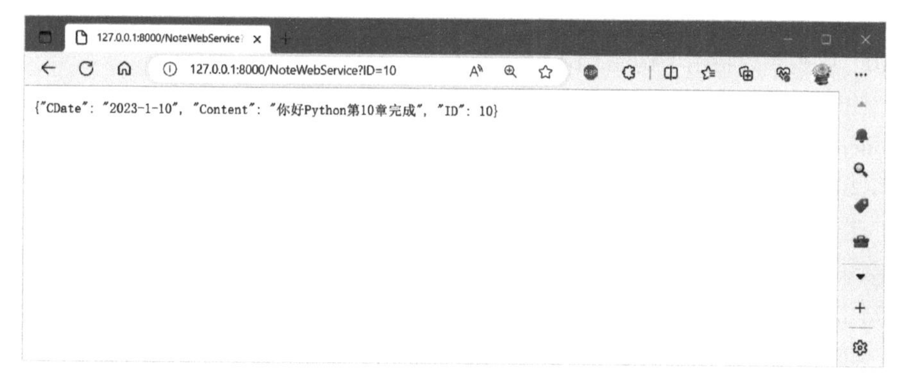

图 12-5　通过备忘录 ID 查询备忘录信息

12.2.3 发送 GET 请求

对于复杂的需求，需要使用 urllib.request.Request 对象才能满足。Request 对象需要与 urlopen() 方法结合使用。

下面的示例代码展示了通过 Request 对象发送 HTTP/HTTPS 的 GET 请求过程：

```
# coding=utf-8
# 发送 GET 请求

import urllib.request   # 导入模块

# 声明 URL 网址
① URL = "http://127.0.0.1:8000/NoteWebService? action=query&ID=10"

② req = urllib.request.Request(URL)   # 创建请求对象
  # 发送网络请求
③ with urllib.request.urlopen(req) as response:
④     data = response.read()
⑤     jsonstr = data.decode(encoding='gbk')
      print(jsonstr)
```

代码运行，输出结果如下：

```
{"CDate": "2023-1-10", "Content": "你好 Python 第 10 章完成", "ID": 10
```

上述代码第①处是在URL中指定了一个GET请求的参数。在这个示例中，我们向http://127.0.0.1:8000/NoteWebService发送了一个名为action的参数，值为query，以及一个名为ID的参数，值为10。这些参数将用于构建GET请求的URL。

注意，使用GET请求发送数据时参数是放在URL的“?”之后的，参数采用键值对形式，如action=query&ID=10就是两个参数对。

代码第②处使用urllib.request.Request()函数创建一个请求对象req，传入了上面构建的URL作为参数。这个请求对象可以用于自定义请求的一些属性，如请求头、请求方法等。

代码第③处使用urllib.request.urlopen()方法发送网络请求，并将响应保存在response变量中。这里我们直接传入了之前构建的req作为参数。

注意，如果使用了请求对象req，则需要将req作为参数传入。

代码第④处使用response.read()方法读取响应的内容，并将其保存在data变量中。这个数据是以字节流的形式返回的。

代码第⑤处使用data.decode()方法对数据进行解码，默认使用GBK编码。解码后的内容保存在jsonstr变量中。这里没有指定errors参数，默认情况下不忽略编码错误。

12.2.4 发送POST请求

本节介绍发送HTTP/HTTPS的POST类型请求，下面的示例代码展示了通过Request对象发送HTTP/HTTPS的POST请求过程。

```
# coding=utf-8
#  发送 POST 请求

import urllib.request  # 导入请求模块
import urllib.parse  # 导入解析模块

# 声明 URL 网址
URL = "http://127.0.0.1:8000/NoteWebService"

# 准备 HTTP 参数
① params_dict = {'ID': 10, 'action': 'query'}
② params_str = urllib.parse.urlencode(params_dict)  # 参数字符串编码为 URL 编码
③ params_bytes = params_str.encode()  # 字符串转换为字节序列

④ req = urllib.request.Request(URL, method="POST")  # 发送 POST 请求

# 发送网络请求
⑤ with urllib.request.urlopen(req, data=params_bytes) as response:
```

```
data = response.read()
jsonstr = data.decode(encoding='gbk')
print(jsonstr)
```

代码运行，输出结果如下：

```
{"CDate": "2023-1-10", "Content": "你好 Python 第 10 章完成", "ID": 10}
```

代码第①处是准备 HTTP 请求参数，这些参数被保存在字典对象中，键是参数名，值是参数值。

代码第②处使用 urllib.parse.urlencode( )函数将参数字典对象转换为参数字符串，其中 urlencode( )函数还可以将普通字符串转换为 URL 编码字符串，如“@”字符 URL 编码为“%40”。

代码第③处是将参数字符串转换为参数字节序列对象，这是因为发送 POST 请求时的参数要以字节序列形式发送。

代码第④处是创建 Request 对象，其中 method 参数用来请求方法。

代码第⑤处通过 urlopen( )方法发送网络请求，该方法的第 1 个参数是请求对象 req，第 2 个参数 data 是要发送的数据。

12.3 训练营 1：下载图片

背景描述：

要求学生编写 Python 代码，使用 urllib 模块下载指定 URL 的图片，并保存到程序所在目录中的 downloads 文件夹。

学生需要根据已学知识，利用 urllib 模块发送请求获取图片数据，并保存到合适的路径中。

这个练习的目标是让学生熟练使用 Python 和 urllib 模块进行网络请求、处理响应、保存数据等。

参考代码如下：

```
  # coding=utf-8
  import os
  import urllib.request

  download_dir = 'downloads'
① if not os.path.exists(download_dir):
②     os.makedirs(download_dir)
```

```
③ img_urls = [
       'http://127.0.0.1:8000/images/key.jpg',
       'http://127.0.0.1:8000/images/data.png'
   ]

   for url in img_urls:
④     with urllib.request.urlopen(url) as response:
⑤         data = response.read()  # 读取网络数据
          # 获取文件名
⑥         file_name = url.split('/')[-1]

          # 构造完整的保存路径
⑦         save_path = os.path.join(download_dir, file_name)

⑧         with open(save_path, 'wb') as f:
⑨             f.write(data)
              print(f'下载{file_name}文件完成。')
```

代码解释如下：

代码第①处检查是否存在名为 downloads 的目录。如果该目录不存在，它使用 os.makedirs() 函数创建该目录。

代码第②处 os.makedirs() 函数用于递归创建目录。它会根据提供的路径创建所有缺失的目录。在这里，它创建了 downloads 目录。

代码第③处定义了一个包含两个图片 URL 的列表 img_urls，这些 URL 指向要下载的图片。

代码第④处使用 urllib.request.urlopen() 函数打开 URL 连接，并将连接对象赋值给 response 变量。with 语句用于确保在代码块执行完毕后关闭连接。

代码第⑤处使用 response.read() 方法读取网络数据，将其赋值给 data 变量。这将获取到二进制数据。

代码第⑥处通过使用 split（'/'） 方法将 URL 按照'/' 字符分割，取得最后一个部分，也就是文件名。将文件名赋值给 file_name 变量。

代码第⑦处使用 os.path.join() 函数构建完整的保存路径。该函数接收多个参数，并根据操作系统的规则将它们连接起来形成路径。在这里，它将' download_dir' 和' file_name' 连接起来。

代码第⑧处使用 open() 函数以二进制写入模式打开指定的保存路径。' wb' 参数表示以二进制方式写入文件。

代码第⑨处使用 f.write() 方法将从 URL 读取的数据写入到文件中。

这段代码的主要功能是创建一个目录，下载指定 URL 的图片，并将其保存到本地，如图 12-6 所示。

图 12-6　下载图片成功

注意下载图片时要保证启动 Uvicorn 服务器，具体参考 12.2.2 节的“代码\ch12\Web 服务\app.py”程序文件。

12.4 JSON 数据交换格式

老师，我发现很多网站返回的数据格式都是 JSON，这究竟是什么呢？

JSON(JavaScript Object Notation)是一种非常常用的轻量级数据交换格式。它使用 JavaScript 语法来表示数据对象，但是完全独立于语言和平台。

看来 JSON 也是一种结构化的数据格式，对吧？跟 XML 有什么不同呢？

是的。JSON 和 XML 都是结构化数据格式。但相比 XML，JSON 有以下几个优点：

- 读取和编写简单，格式更加简洁。
- 解析速度更快，传输效率高。
- 可以由多种语言生成和解析，真正做到了与语言无关。
- 同时适合人阅读和机器解析。

原来 JSON 比 XML 更优雅而高效。那么它主要应用在哪些方面呢？

JSON 广泛用于网络应用程序之间的数据交换，尤其是 Web 服务之间的接口数据交换，已成为事实上的标准格式。

我明白了，JSON 这么重要，我一定要认真学习它的编码与解析，来更好地进行网络编程。

很好，去练习吧，JSON 会是 Web 时代开发者必须掌握的一项重要技能。

12.4.1 JSON 文档

JSON（JavaScript Object Notation）是一种轻量级的数据交换格式。所谓轻量级，是与 XML 文档结构相比而言的，描述项目的字符少，所以描述相同数据所需的字符个数要少，传输速度就会提高，而流量却会减少。由于 Web 和移动平台开发对流量的要求是要尽可能少，对速度的要求是要尽可能快，因此轻量级的数据交换格式 JSON 就成为理想的数据交换格式。

构成 JSON 文档的两种结构为对象（object）和数组（array）。对象是“名称-值”对集合，它类似于 Python 中的 Map 类型，而数组是一连串元素的集合。

JSON 对象（object）是一个无序的“名称/值”对集合，一个对象以“{”开始，以“}”

结束。每个“名称”后跟一个“:”，“名称-值”对之间使用“,”分隔，“名称”应该是字符串类型（string），“值”可以是任何合法的 JSON 类型。JSON 对象的语法表如图 12-7 所示。

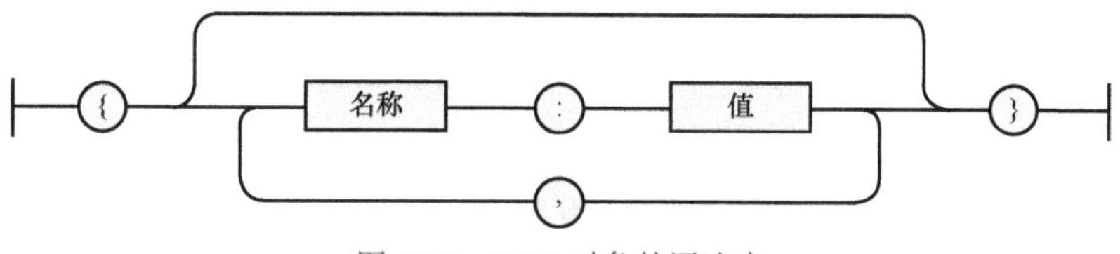

图 12-7　JSON 对象的语法表

下面是一个 JSON 对象的例子：

```
{
    "name":"abc.htm",
    "size":345,
    "saved":true
}
```

JSON 数组（array）是值的有序集合，以“［”开始，以“］”结束，值之间使用“,”分隔。JSON 数组的语法表如图 12-8 所示。

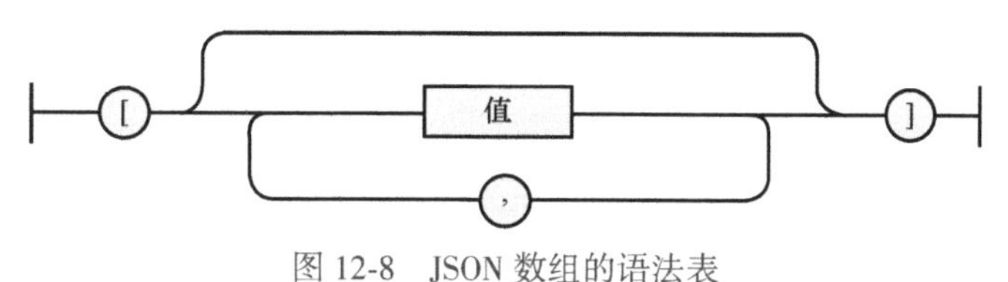

图 12-8　JSON 数组的语法表

下面是一个 JSON 数组的例子：

```
["text","html","css"]
```

在数组中，值可以是双引号括起来的字符串、数字、true、false、null、对象或者数组，而且这些结构可以嵌套。数组中值的 JSON 语法结构如图 12-9 所示。

图 12-9　JSON 数值语法结构

12.4.2 JSON 编码

为了便于存储或传输，在 Python 程序中要将 Python 数据转换为 JSON 数据，这个过程称为 JSON 编码，在编码过程中 Python 数据转换为 JSON 数据的映射关系见表 12-1。

表 12-1 JSON 数据映射关系

Python	JSON
字典	对象
列表、元组	数组
字符串	字符串
整数、浮点等数字类型	数字
True	true
False	false
None	null

Python 提供的内置模块 json 可以帮助实现 JSON 的编码和解码，JSON 编码使用 dumps( ) 函数，dumps( ) 函数将编码的结果以字符串形式返回。

示例代码如下：

```
# coding=utf-8
# 1 JSON 编码
① import json  # 导入 json 模块

# 准备数据
py_dict = {'name': 'tony', 'age': 30, 'sex': True}  # 创建字典对象
py_list = [1, 3]  # 创建列表对象
py_tuple = ('A', 'B', 'C')  # 创建元组对象

py_dict['a'] = py_list  # 添加列表到字典中
py_dict['b'] = py_tuple  # 添加元组到字典中

json_obj = json.dumps(py_dict)  # 将 Python 字典编码为 JSON 对象
print("JSON 对象", json_obj)  # 输出 JSON 对象
json_obj = json.dumps(py_list)  # 将 Python 列表编码为 JSON 数组
print("JSON 数组", json_obj)  # 输出 JSON 数组
```

运行示例代码，输出结果如下。

```
JSON 对象 {"name": "tony", "age": 30, "sex": true, "a": [1, 3], "b": ["A", "B", "C"]}
JSON 数组 [1, 3]
```

12.4.3 JSON 解码

与编码相反的过程是解码，即将 JSON 数据转换为 Python 数据，当从网络中接收或从磁盘中读取 JSON 数据时，需要将其解码为 Python 数据。

在编码过程中 JSON 数据转换为 Python 数据的映射关系见表 12-2。

表 12-2　Python 数据映射关系

JSON	Python
对象	字典
数组	列表
字符串	字符串
整数数字	整数
实数数字	浮点
true	True
false	False
null	None

json 模块提供的解码函数是 loads( ) 函数，该函数将 JSON 字符串数据进行解码，返回 Python 数据。

下面具体介绍 JSON 数据解码过程，示例代码如下：

```
# coding=utf-8
#  JSON 解码

import json

# 准备 JSON 对象
json_obj = r'{"name": "tony", "age": 30, "sex": true, "a": [1, 3]}'
# 准备 JSON 数据
json_array = r'["A", "B", "C"]'

py_dict = json.loads(json_obj)  # 编码 JSON 对象,返回 Python 字典对象
```

```
print(py_dict)

py_list = json.loads(json_array)  # 编码 JSON 数组,返回 Python 列表对象
print(py_list)
```

运行示例代码输出结果如下：

```
{'name': 'tony', 'age': 30, 'sex': True, 'a': [1, 3]}
```

12.5 训练营 2：编码所有“备忘录”信息

背景描述：

小明正在学习 Python 网络编程，老师给大家布置了一个 JSON 数据处理的练习。

练习需求：

已经搭建了一个 Web 服务器（见 12.2.2 节），并部署了一个备忘录服务程序。该程序可以提供查询所有备忘录信息的接口。

要求学生编写 Python 代码，调用该接口获取全部备忘录信息。该信息将以 JSON 数组格式返回。

然后对获取到的 JSON 数据进行解析处理：

1）遍历数组，打印输出每个备忘录项的详细信息。

2）统计并打印备忘录的总数量。

3）将 JSON 数组格式化后，存为一个文件。

通过这个练习，小明可以练习调用网络接口，并处理解析返回 JSON 数据的操作。既利用了已经存在的 Web 服务器，也训练了 JSON 处理能力。

参考代码如下：

```
# coding=utf-8

import urllib.request  # 导入模块
import json

# 声明 URL 网址
URL = "http://127.0.0.1:8000/NoteWebService"

req = urllib.request.Request(URL)  # 创建请求对象
```

```
# 发送网络请求
with urllib.request.urlopen(URL) as response:
    data = response.read()
    jsonstr = data.decode(encoding='gbk')

    # 解析 JSON
    note_data = json.loads(jsonstr)
    # 处理数据
    print(f"总计{len(note_data)}条笔记")
    for note in note_data:
        print(f"ID:{note['ID']}\tCDate:{note['CDate']}\t 内容:{note['Content']}")
```

运行示例代码输出结果如下。

```
总计 29 条笔记
ID:1   CDate:2023-1-1 内容:你好 Python 第 1 章完成
ID:2   CDate:2023-1-2 内容:你好 Python 第 2 章完成
ID:3   CDate:2023-1-3 内容:你好 Python 第 3 章完成
...
ID:28   CDate:2023-1-28 内容:你好 Python 第 28 章完成
ID:29   CDate:2023-1-29 内容:你好 Python 第 29 章完成
```

12.6 总结与扩展

总结扩展

总结：

本章主要介绍了网络编程的核心内容和关键要点。首先，我们学习了网络基础知识，包括 TCP/IP 协议族、HTTP 和 HTTPS 协议的工作原理，以及 IP 地址、域名和端口等基础概念。这些知识为理解网络通信提供了基本框架。

其次，我们学习了 Python 网络请求库 urllib 的使用。通过 urllib，我们可以发送 GET 请求来获取信息，也可以发送 POST 请求来提交数据，还了解了如何处理服务器的响应以及处理可能出现的异常情况。

另外，我们还学习了 JSON 数据格式的重要性和使用方法。JSON 具有语言无关性，可以实现数据的串行化和反串行化，方便在不同系统和语言之间进行数据交换。了解了如何在Python中快速进行JSON编码和解码，并将JSON转换为字典或列表来方便地处理数据。

通过本章的学习，我们掌握了网络编程的基础知识和常用技术。了解了网络通信的原理，学会了使用urllib发送网络请求和处理响应，以及使用JSON格式进行数据交互。这些知识为我们进行实际的网络编程打下了坚实的基础。

扩展：

除了本章介绍的内容，网络编程还涉及更多的主题和技术。

一个重要的主题是网络安全和数据加密。在网络通信中，保护数据的安全性至关重要。了解加密算法和安全协议，以及实施安全认证和访问控制是网络编程中必须考虑的问题。

另一个值得探索的方向是网络通信的性能优化。网络通信的效率对于应用性能和用户体验至关重要。了解网络传输的优化技术、使用缓存和压缩等方法可以帮助我们提升应用的响应速度和吞吐量。

此外，网络编程还涉及异步编程、Socket编程、Web框架和RESTful API等方面的内容。深入学习这些主题可以使我们更加熟练地处理复杂的网络编程任务和构建高性能的网络应用。

综上所述，网络编程是一个广泛而复杂的领域，本章只是介绍了其中的一部分内容。通过进一步的学习和实践，我们可以不断拓展和提升自己在网络编程方面的能力，为构建强大的网络应用作出贡献。

12.7 同步练习

【练习12-1】：写一个Python程序，使用JSON格式接收一个学生信息，包含姓名、年龄、成绩等，并打印出来。

【练习12-2】：编写一个简单的网络爬虫程序抓取网页内容。

第 13 章 用数据解析你我的故事——数据库编程

老师，我听说现在的网站和 App 都需要数据库，是真的吗？没有数据库，它们还能工作吗？

小东，你问的很好！现代的信息系统确实离不开数据库的支持。网站和 App 需要保存和管理的数据量是巨大的，如果没有数据库，很快就会出现性能和扩展性的瓶颈。

原来如此！但是我不太明白数据库的工作原理，也不会用编程语言操作数据库。这对我开发项目会有影响吗？

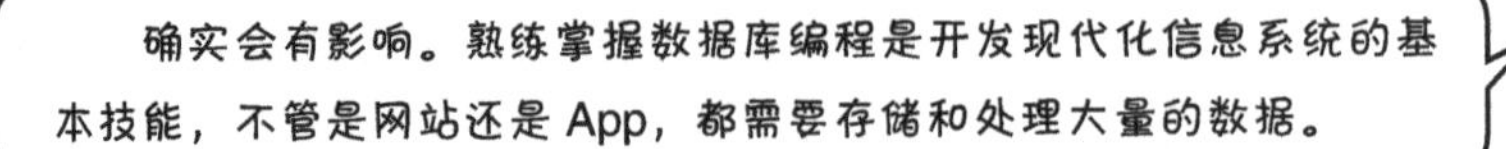

确实会有影响。熟练掌握数据库编程是开发现代化信息系统的基本技能，不管是网站还是App，都需要存储和处理大量的数据。

那数据库编程具体要学哪些内容呢？我该如何从零开始学习呢？

不用担心，我们这一章就会从基础开始，逐步带你入门数据库编程。

13.1 MySQL数据库管理系统

MySQL是流行的开源数据库管理系统，是Oracle旗下的数据库产品。目前Oracle提供了多个MySQL版本，其中MySQL Community Edition（社区版）是免费的，该版本比较适合中小企业数据库，本书也针对这个版本进行介绍。

社区版安装文件下载如图13-1所示，MySQL可在Windows、Linux和UNIX等操作系统上安装和运行，读者根据自己情况选择不同平台安装文件下载。

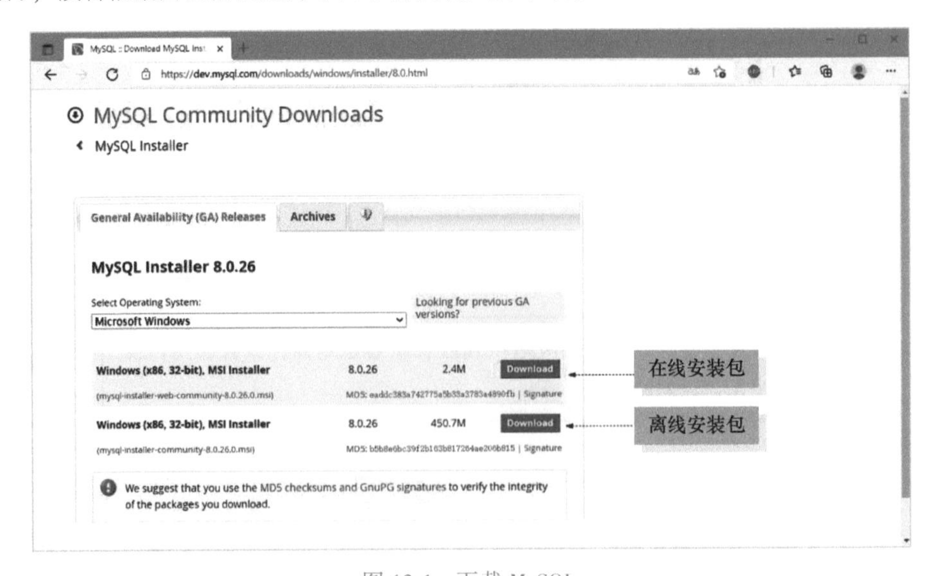

图13-1 下载MySQL

13.1.1 安装 MySQL 8 数据库

笔者计算机的操作系统是 Windows10 64 位，下载的离线安装包为 mysql-installer-community-8.0.26.0.msi，双击该文件就可以安装了。

MySQL 8 数据库安装过程如下：

1. 选择安装类型

安装过程第一个步骤是选择安装类型，在图 13-2 所示的对话框中可以选择安装类型。如果是为了学习 Python 而使用数据库，推荐选中 Server only，即只安装 MySQL 服务器，不安装其他的组件。

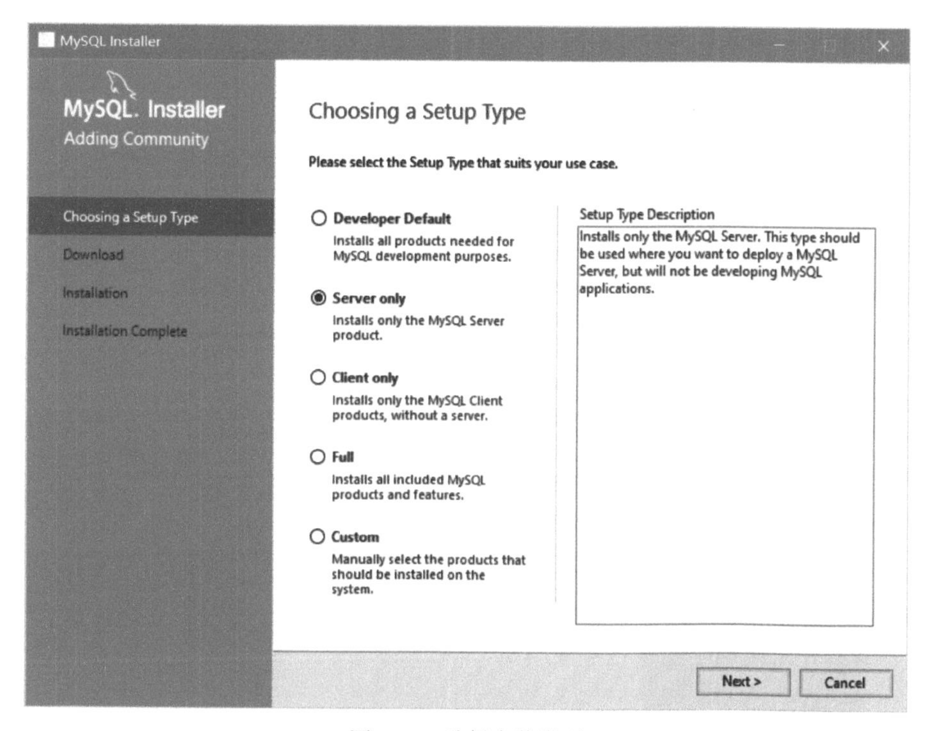

图 13-2 选择安装类型

在图 13-2 所示的对话框中，单击 Next 按钮进入图 13-3 所示对话框。

然后单击 Execute 按钮，开始执行安装。

2. 配置安装

安装完成后，还需要进行必要的配置，其中有两个重要步骤：

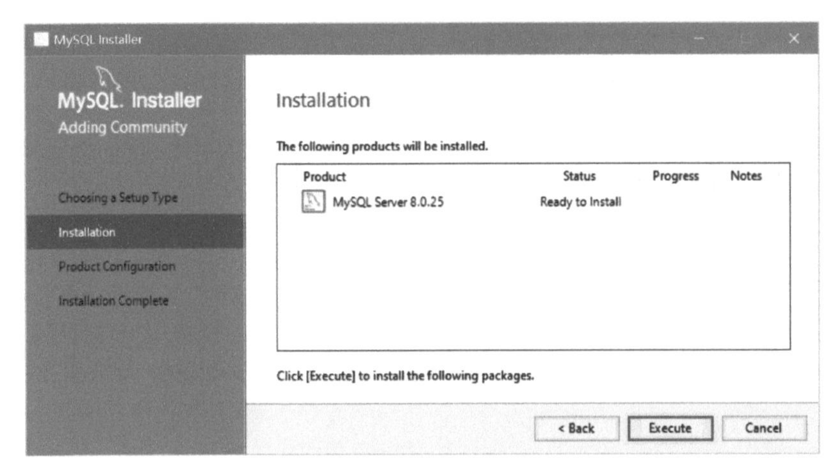

图 13-3　安装对话框

（1）配置网络通信端口和密码

如图 13-4 所示，默认通信端口是 3306，如果没有端口冲突，建议不用修改。

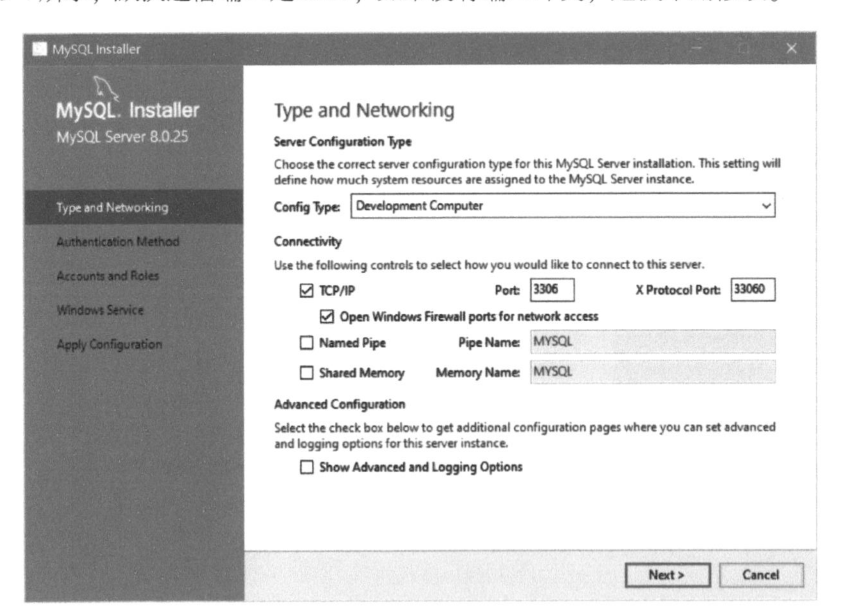

图 13-4　配置安装

如图 13-5 所示，配置过程可以为 root 用户设置密码，也可以添加其他普通用户。

（2）配置 Path 环境变量

为了使用方便，笔者推荐把 MySQL 安装路径添加到 Path 环境变量中，如图 13-6 所示，打开 Windows 环境变量设置对话框。

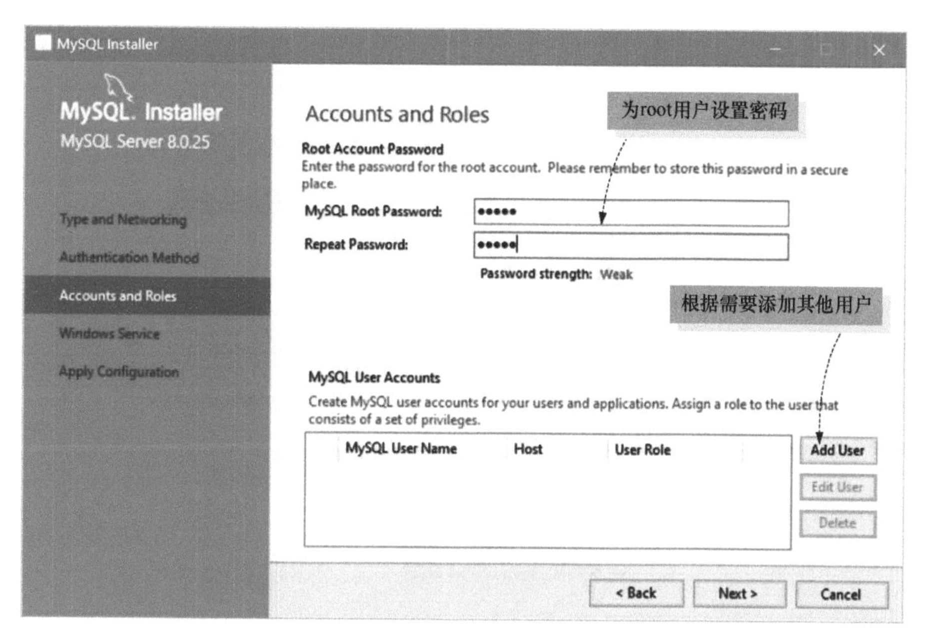

图 13-5 配置密码

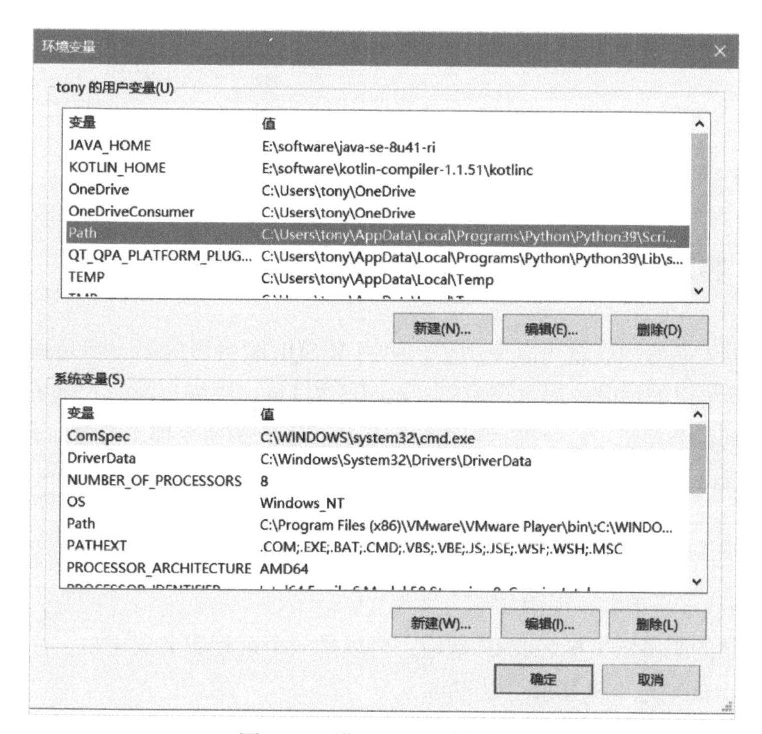

图 13-6 设置 Path 环境变量

双击 Path 环境变量，弹出编辑环境变量对话框，如图 13-7 所示，在此对话框中添加 MySQL 安装路径。

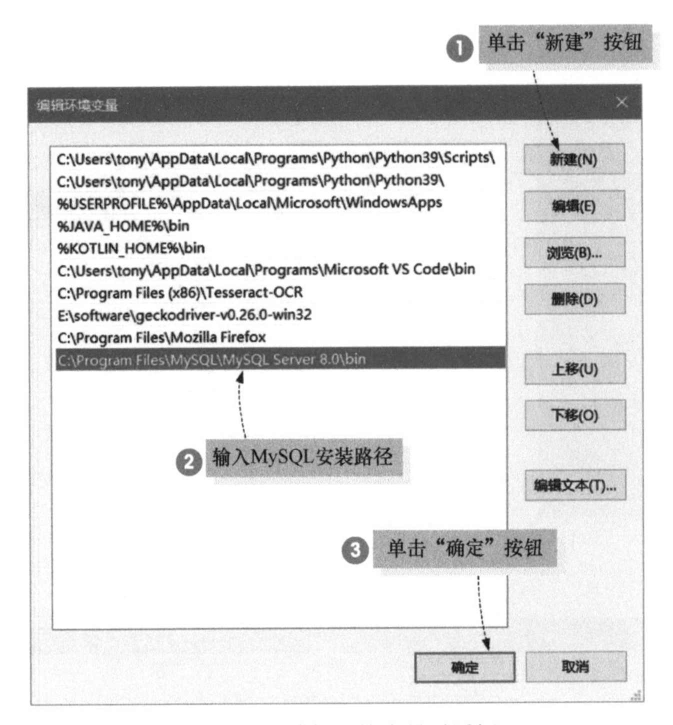

图 13-7　编辑环境变量对话框

13.1.2 客户端登录服务器

MySQL 服务器安装好后，就可以使用了。使用 MySQL 服务器的第一步是通过客户端登录服务器。登录服务器可以使用命令提示符窗口（macOS 和 Linux 中终端窗口）或 GUI（图形用户界面）工具登录，笔者推荐使用命令提示符窗口登录，下面介绍命令提示符窗口登录过程。

使用命令提示符窗口登录服务器的完整指令如下：

```
mysql -h 主机 IP 地址(主机名) -u 用户 -p
```

其中，-h、-u、-p 是参数，说明如下。

- -h：要登录的服务器主机名或 IP 地址，可以是一个远程服务器主机。注意，-h 后面可以没有空格。如果是本机登录可以省略。
- -u：登录服务器的用户，这个用户一定是数据库中存在的，并且具有登录服务器的权限。

注意，-u 后面可以没有空格。

- -p：用户对应的密码，可以直接在-p 后面输入密码，也可以在按<Enter>键后再输入密码。

如图 13-8 所示是通过 mysql 指令登录本机服务器。

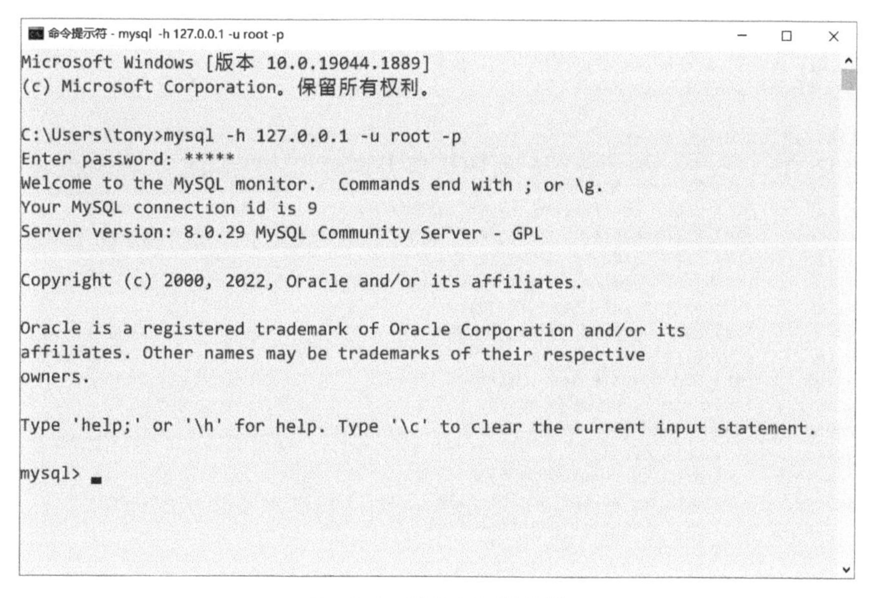

图 13-8　登录本机服务器

13.1.3 常见的管理命令

通过命令行客户端管理 MySQL 数据库，需要了解一些常用的命令。

1. help

第一个应该熟悉的就是 help 命令，help 命令能够列出 MySQL 其他命令的帮助。在命令行客户端中输入“help”，不需要以分号结尾，直接按下〈Enter〉键即可，如图 13-9 所示。这里都是 MySQL 的管理命令，这些命令大部分不需要以分号结尾。

2. 退出命令

可以在命令行客户端中使用 quit 或 exit 命令来退出，如图 13-10 所示。这两个命令也不需要以分号结尾。通过命令行客户端管理 MySQL 数据库，需要了解一些常用的命令。

3. 查看数据库

查看数据库命令是“show databases;”，如图 13-11 所示，注意该命令以分号结尾。

```
命令提示符 - mysql -h 127.0.0.1 -u root -p

mysql> help

For information about MySQL products and services, visit:
   http://www.mysql.com/
For developer information, including the MySQL Reference Manual, visit:
   http://dev.mysql.com/
To buy MySQL Enterprise support, training, or other products, visit:
   https://shop.mysql.com/

List of all MySQL commands:
Note that all text commands must be first on line and end with ';'
?         (\?) Synonym for 'help'.
clear     (\c) Clear the current input statement.
connect   (\r) Reconnect to the server. Optional arguments are db and host.
delimiter (\d) Set statement delimiter.
ego       (\G) Send command to mysql server, display result vertically.
exit      (\q) Exit mysql. Same as quit.
go        (\g) Send command to mysql server.
help      (\h) Display this help.
notee     (\t) Don't write into outfile.
print     (\p) Print current command.
prompt    (\R) Change your mysql prompt.
quit      (\q) Quit mysql.
rehash    (\#) Rebuild completion hash.
source    (\.) Execute an SQL script file. Takes a file name as an argument.
status    (\s) Get status information from the server.
system    (\!) Execute a system shell command.
```

图 13-9　帮助指令

```
命令提示符

C:\Users\tony>mysql -h127.0.0.1 -uroot -p
Enter password: *****
Welcome to the MySQL monitor.  Commands end with ; or \g.
Your MySQL connection id is 11
Server version: 8.0.31 MySQL Community Server - GPL

Copyright (c) 2000, 2022, Oracle and/or its affiliates.

Oracle is a registered trademark of Oracle Corporation and/or its
affiliates. Other names may be trademarks of their respective
owners.

Type 'help;' or '\h' for help. Type '\c' to clear the current input statement.

mysql> exit
Bye

C:\Users\tony>
```

图 13-10　退出指令

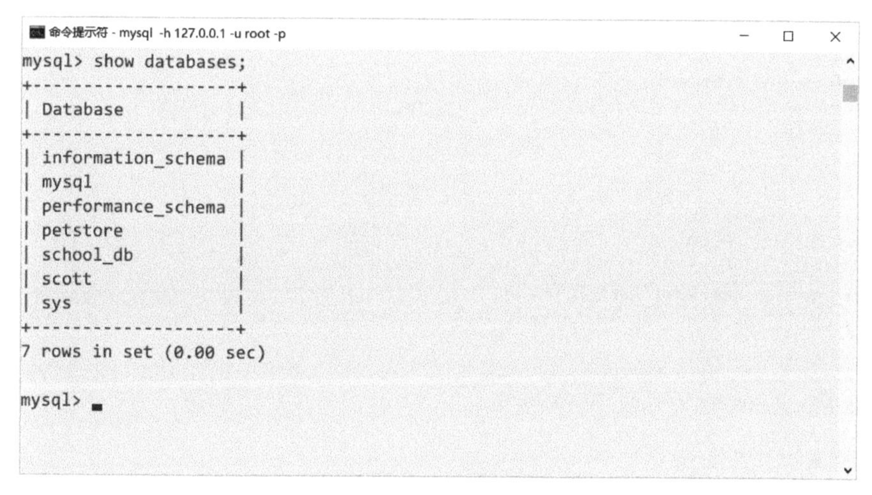

图 13-11　查看数据库

4. 创建数据库

创建数据库可以使用“create database testdb;”命令，如图 13-12 所示，testdb 是自定义数据库名，注意，该命令以分号结尾。

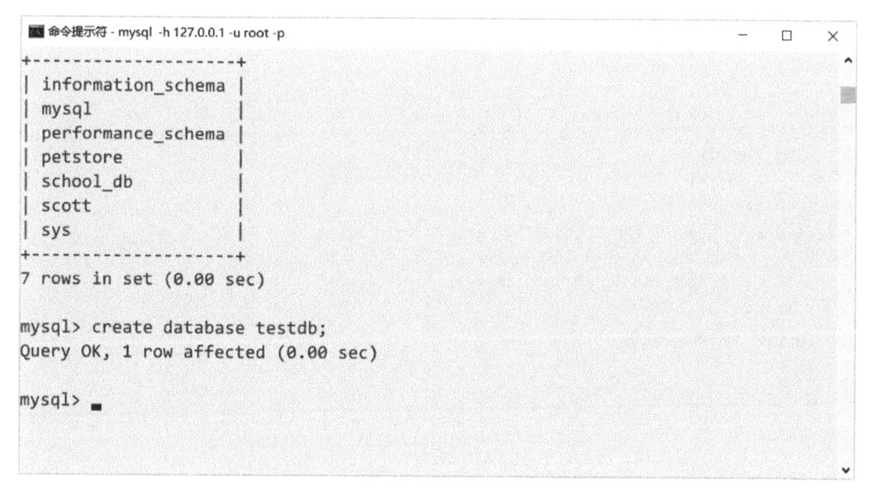

图 13-12　创建数据库

想要删除数据库，可以使用“drop database testdb;”命令，如图 13-13 所示，testdb 是数据库名，注意，该命令以分号结尾。

```
命令提示符 - mysql -h 127.0.0.1 -u root -p
| information_schema |
| mysql              |
| performance_schema |
| petstore           |
| school_db          |
| scott              |
| sys                |
+--------------------+
7 rows in set (0.00 sec)

mysql> create database testdb;
Query OK, 1 row affected (0.00 sec)

mysql> drop database testdb;
Query OK, 0 rows affected (0.01 sec)

mysql>
```

图 13-13　删除数据库

5. 查看有多少个数据表

查看有多少个数据表的命令是“show tables;”，如图 13-14 所示，注意，该命令以分号结尾。一个服务器中有很多数据库，优先使用 use 选择数据库。

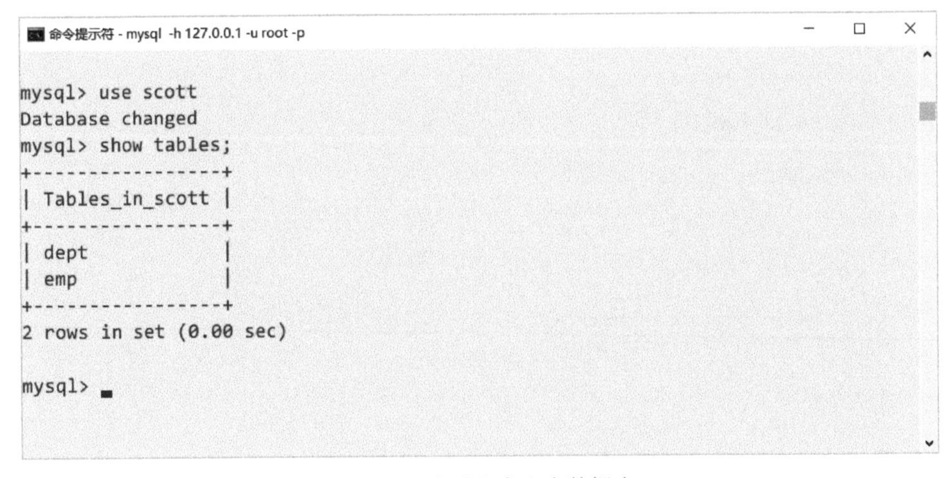

图 13-14　查看有多少个数据表

6. 查看表结构

知道了有哪些表后，还需要知道表结构，此时可以使用“desc emp;”命令，如图 13-15 所示，注意，该命令以分号结尾。

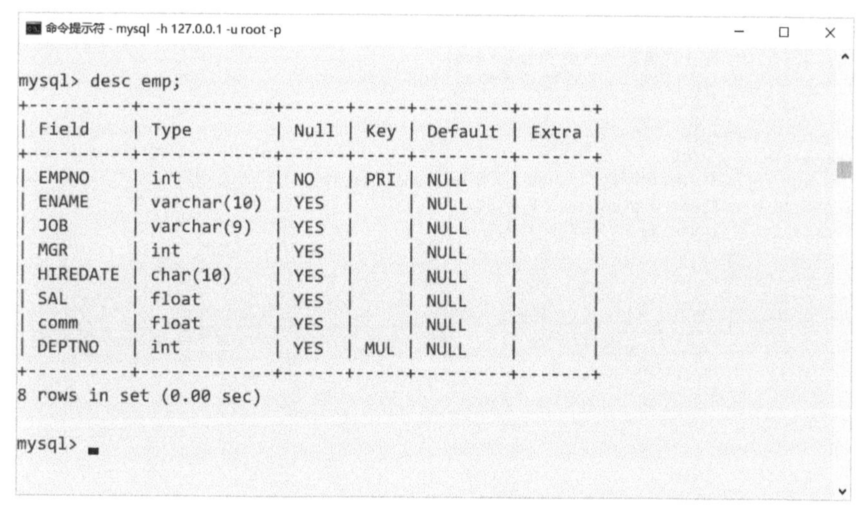

```
mysql> desc emp;
+----------+-------------+------+-----+---------+-------+
| Field    | Type        | Null | Key | Default | Extra |
+----------+-------------+------+-----+---------+-------+
| EMPNO    | int         | NO   | PRI | NULL    |       |
| ENAME    | varchar(10) | YES  |     | NULL    |       |
| JOB      | varchar(9)  | YES  |     | NULL    |       |
| MGR      | int         | YES  |     | NULL    |       |
| HIREDATE | char(10)    | YES  |     | NULL    |       |
| SAL      | float       | YES  |     | NULL    |       |
| comm     | float       | YES  |     | NULL    |       |
| DEPTNO   | int         | YES  | MUL | NULL    |       |
+----------+-------------+------+-----+---------+-------+
8 rows in set (0.00 sec)

mysql>
```

图 13-15　查看表结构

13.2　编写 Python 程序访问 MySQL 数据库

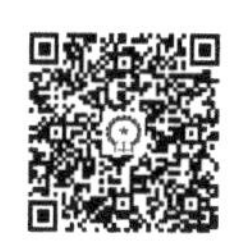

Python 程序访问 MySQL 数据库需要借助第三方库，本书推荐使用 PyMySQL 库访问 MySQL 数据库。

13.2.1　安装 PyMySQL 库

PyMySQL 库可以使用 pip 工具安装，指令如下：

```
pip install PyMySQL
```

在 Windows 平台命令提示符中安装 PyMySQL 库，安装过程如图 13-16 所示。其他平台安装过程也是类似的，这里不再赘述。

另外，由于 MySQL 8 采用了更加安全的加密方法，因此还需要安装 cryptography 库。cryptography 库可以使用 pip 工具安装，指令如下：

```
pip install cryptography
```

在 Windows 平台命令提示符中安装 cryptography 库，安装过程如图 13-17 所示。其他平台安装过程也是类似的，这里不再赘述。

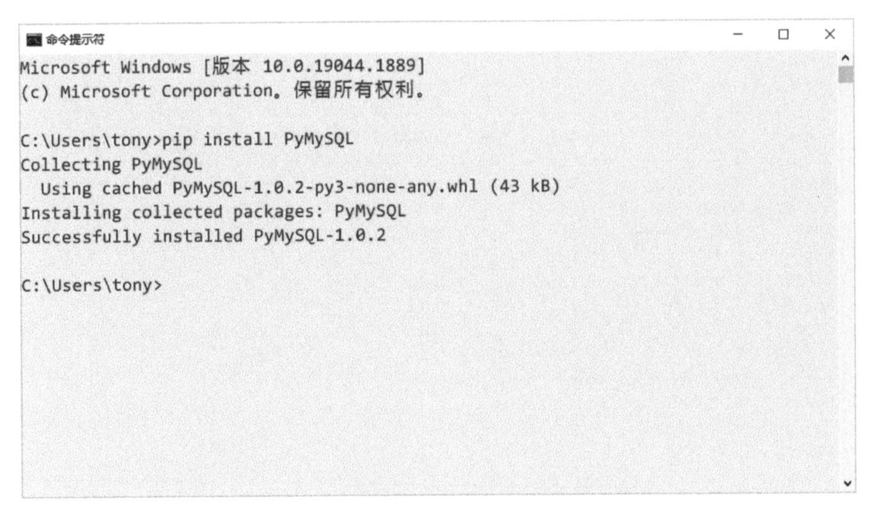

图 13-16　安装 PyMySQL

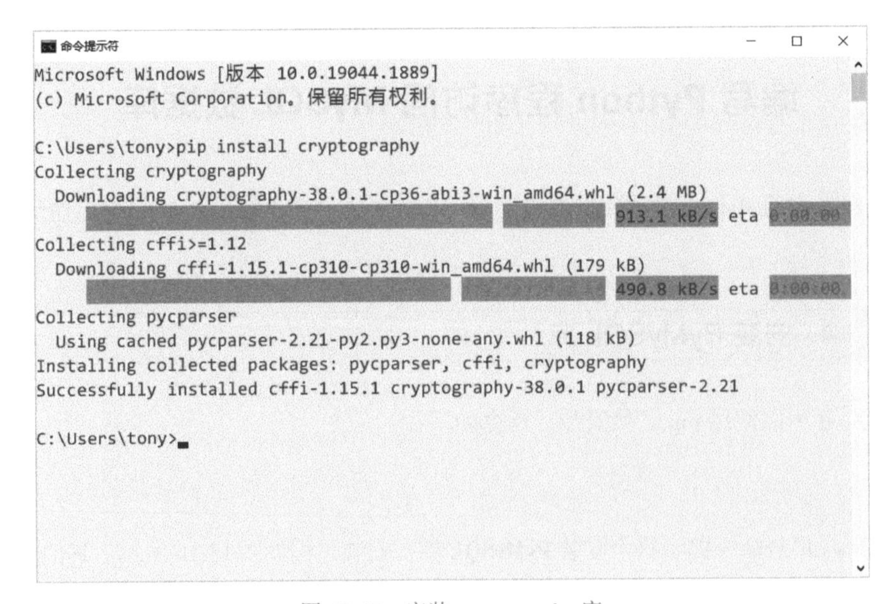

图 13-17　安装 cryptography 库

13.2.2 访问数据库一般流程

访问数据库操作分为两大类：查询数据和修改数据。

1. 查询数据

查询数据就是通过 Select 语句查询数据库，它的流程如图 13-18 所示，这个流程有 6 个步骤。

1）**建立数据库连接**。数据库访问的第一步是进行数据库连接。建立数据库连接可以通过 PyMySQL 库提供的 connect（parameters...）方法实现，该方法根据 parameters 参数连接数据库，连接成功返回 Connection（数据库连接）对象。

2）**创建游标对象**。游标是暂时保存了 SQL 操作所获得的数据，它是通过 Connection 对象的 cursor( )方法创建的。

3）**执行查询操作**。执行 SQL 操作是通过游标对象的 execute（sql）方法实现的，其中参数 sql 表示要执行 SQL 语句字符串。

4）**提取结果集**。执行 SQL 操作会返回结果集对象，结果集对象的结构与数据库表类似，由记录和字段构成。提取结果集可以通过游标的 fetchall( ) 或 fetchone( )方法实现，fetchall( )是提取结果集中所有记录，fetchone( )方法是提取结果集中一条记录。

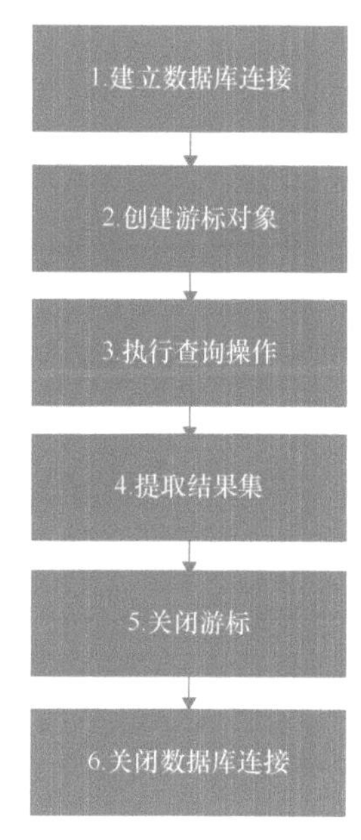

图 13-18　查询数据库流程

5）**关闭游标**。数据库游标使用完成之后，需要关闭游标，这样可以释放资源。

6）**关闭数据库连接**。数据库操作完成之后，需要关闭数据库连接，关闭连接也可以释放资源。

2. 修改数据

修改数据就是通过 Insert、Update 和 Delete 等语句修改数据，它的流程如图 13-19 所示，修改数据与查询数据流程类似也有 6 个步骤。但是修改数据时，如果执行 SQL 操作成功，需要提交数据库事务，如果失败则需要回滚数据库事务。另外，修改数据时不会返回结果集，也就不能从结果集中提取数据了。

数据库事务通常包含了多个对数据库的读/写操作，这些操作是有序的。若事务被提交给了数据库管理系统，则数据库管理系统需要确保该事务中的所有操作都成功完成，结果被永久保存在数据库中。如果事务中有的操作没有成功完成，则事务中的所有操作都需要被回滚，回到事务执行前的状态。

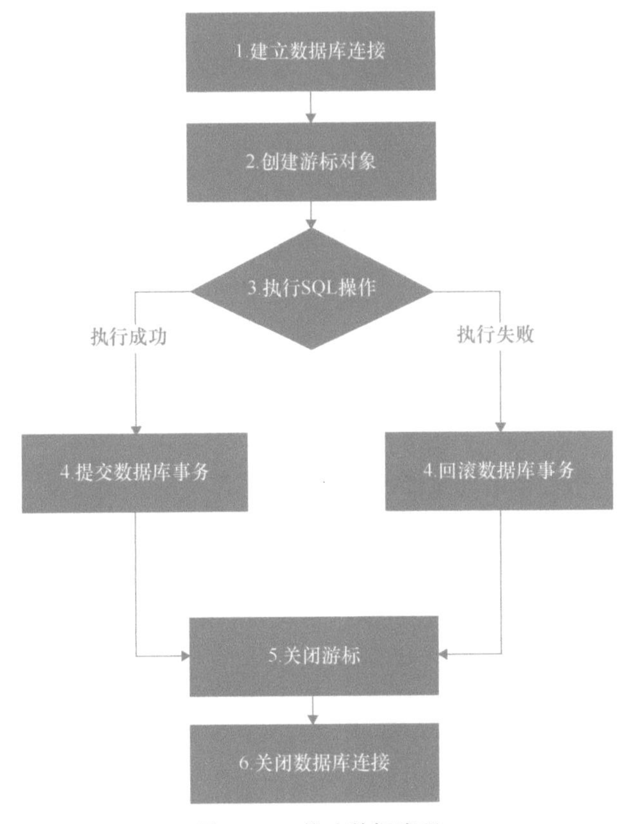

图 13-19　修改数据流程

13.3　训练营：学生表 CRUD 操作

背景描述：

作为一名 Python 开发者，小东为了练习数据库操作，决定编写一个 Python 程序来完成对 MySQL 数据库学生表的 CRUD 操作。

具体来说，小东的程序需要完成以下任务：

1）连接到 MySQL 数据库，创建一个名为 student 的表，包含学生编号、姓名、性别、分数和班级等字段。

2）在表中插入若干条测试数据。

3）编写查询语句，检索表中所有学生信息，以及按主键检索特定学生信息。

4）编写更新语句，修改其中一位学生的分数字段。

5）编写删除语句，删除其中一条学生数据。

通过这些数据库操作的练习，小东想熟悉 SQL 语句的写法，掌握如何用 Python 程序操作 MySQL 数据库完成 CRUD。这可以帮助他在未来的 Python 项目中，在需要进行复杂数据库交互时借鉴经验，并应用所学知识。

CRUD 是指在操作数据库时的 4 种基本操作，包括以下 4 个方面。

- C – Create（创建）：CREATE 操作指通过 SQL 的 INSERT 语句向数据库插入新的数据行。
- R – Read（读取）：READ 操作指使用 SELECT 语句来读取数据库中的数据。
- U – Update（更新）：UPDATE 操作通过 UPDATE 语句来更新数据库中的已有数据。
- D – Delete（删除）：DELETE 操作使用 DELETE 语句来删除数据库中的数据行。

13.3.1 创建学生表

首先需要在 MySQL 数据库中创建 school 数据库，然后在 school 数据库创建学生（student）表结构，见表 13-1。

表 13-1　学生表结构

字 段 名	类　型	是否可以为 Null	主　键	说　明
id	INT	否	是	学号
name	VARCHAR（10）	否	否	姓名
age	INT	是	否	年龄
gender	CHAR（2）	是	否	性别
score	FLOAT	是	否	分数
class	VARCHAR（10）	是	否	班级

创建学生表的数据库脚本 createdb.sql 文件内容如下：

```
--创建 school 数据库
CREATE DATABASE school;
-- 选择 school 数据库

use school;
```

```
-- 创建学生表
CREATE TABLE student (
  id INT PRIMARY KEY,
  name VARCHAR(10),
  age INT,
  gender CHAR(2),
  score FLOAT,
  class VARCHAR(10)
);

-- 插入测试数据
INSERT INTO student (id, name, age, gender, score, class)
VALUES
   (101, '张三', 18, '男', 89, '一年级1班'),
   (102, '李四', 19, '男', 93, '二年级2班'),
   (103, '王五', 17, '男', 81, '一年级1班'),
   (104, '赵六', 18, '女', 95, '二年级2班'),
   (105, '钱七', 16, '女', 87, '一年级1班');
```

13.3.2 插入学生数据

插入学生数据相关代码如下：

```
  # coding=utf-8
  # 插入学生数据
  import pymysql

  def insert_student():

      """ 插入学生数据函数 """

      # 建立数据库连接
①     conn = pymysql.connect(host='127.0.0.1',
②                            user='root',
③                            password='12345',
④                            database='school',
⑤                            charset='utf8')
```

```
    try:
⑥       with conn.cursor() as cursor:
⑦           student = (1001, '刘备', 18, '男', 89, '一年级一班')
⑧           sql = "INSERT INTO student (id, name, age, gender, score, class) VALUES (%s, %s,
%s, %s, %s, %s)"
⑨           cursor.execute(sql, student)
⑩           conn.commit()
            print('学生数据插入成功! ')
⑪   except pymysql.DatabaseError as e:
        print('插入学生数据失败:', e)
⑫       conn.rollback()
    finally:
⑬       conn.close()

⑭ if __name__ == '__main__':
    # 插入学生信息
    insert_student()
```

这段代码的主要功能是连接到 MySQL 数据库，插入学生数据，并通过异常处理来处理数据库错误。它展示了如何使用 pymysql 库进行数据库操作，并遵循良好的异常处理实践，以保证数据的完整性和准确性。

代码解释如下：

代码第①处使用 pymysql.connect( ) 函数建立与 MySQL 数据库的连接。在这里，指定了数据库的主机名为 127.0.0.1，即本地主机。

代码第②处设置登录数据库的用户名为 root。

代码第③处设置登录数据库的密码为 12345。

代码第④处设置要连接的数据库名为 school，这是要插入学生数据的目标数据库。

代码第⑤处指定数据库连接的字符集为 utf8，以支持中文等非 ASCII 字符的存储。

代码第⑥处使用 with 语句创建一个数据库游标对象 cursor，用于执行 SQL 语句。

代码第⑦处定义一个元组变量 student，包含了学生的各个字段值。元组中的每个元素对应于 INSERT INTO 语句中的每个字段。

代码第⑧处定义 SQL 插入语句，将学生数据插入到 student 表中。%s 是占位符，用于接收元组中的值。

代码第⑨处使用 cursor.execute( ) 方法执行 SQL 语句，将元组中的值替换到 SQL 语句中的占位符中。

代码第⑩处使用 conn.commit( ) 提交事务，将插入操作的结果永久保存到数据库中。

代码第⑪处使用异常处理来捕获可能发生的数据库错误。如果插入数据时出现错误，将在控制台打印错误信息。

代码第⑫处使用 conn.rollback()回滚数据库事务，以确保数据的一致性。

代码第⑬处在 finally 块中关闭数据库连接，释放资源。

代码第⑭处判断当前文件是否作为主程序运行。如果是，则调用 insert_student()函数，向数据库插入学生信息。

13.3.3 更新学生数据

更新数据与插入数据类似，区别只是 SQL 语句不同，更新数据相关代码如下：

```
# coding=utf-8
# 更新学生数据
import pymysql

# 更新学生分数
def update_score(id, score):
    """ 更新学生分数函数 """
    # 建立数据库连接
    conn = pymysql.connect(host='127.0.0.1',
                           user='root',
                           password='12345',
                           database='school',
                           charset='utf8')
    try:
        with conn.cursor() as cursor:
①           sql = "UPDATE student SET score = %s WHERE id = %s"
②           cursor.execute(sql, (score, id))
            conn.commit()

        print('学生分数更新成功！')

    except Exception as e:
        print('更新分数失败:', e)
        conn.rollback()

    finally:
```

```
        conn.close()

    if __name__ == '__main__':
        # 调用更新函数
③       update_score(1001, 99)
```

如果上述代码成功执行，则会更新 1001 学生的分数为 99，并在控制台打印出“学生分数更新成功!”的消息。如果出现错误，将打印出“更新分数失败:”并显示相关的错误信息。

代码解释如下:

代码第①处定义了一个 SQL 语句，用于更新学生的分数。使用占位符%s 表示要替换的值。

代码第②处使用 cursor.execute( ) 方法执行 SQL 语句，并传递一个包含要替换的值的元组(score, id)。其中，score 是要更新的分数值，id 是要更新的学生的 ID。

代码第③处在主程序中调用 update_score( ) 函数，传递学生的 ID 和要更新的分数值作为参数。

13.3.4 删除学生数据

删除学生数据也与数据更新和插入类似，只是 SQL 语句不同，删除数据相关代码如下:

```
# coding=utf-8
# 删除学生数据
import pymysql

def delete_student(id):
    """删除学生数据函数"""

    # 建立数据库连接
    conn = pymysql.connect(host='127.0.0.1',
                           user='root',
                           password='12345',
                           db='school',
                           charset='utf8')

    try:
        with conn.cursor() as cursor:
            # 定义删除 SQL 语句
```

```
①          sql = "DELETE FROM student WHERE id = %s"
           # 准备删除的数据
②          data = (id,)
           # 执行 SQL 进行删除
③          cursor.execute(sql, data)
           conn.commit()

        print("删除学生数据成功!")

    except Exception as e:
        print("删除学生数据失败:", e)
        conn.rollback()

    finally:
        conn.close()

if __name__ == '__main__':
    # 调用删除函数
④  delete_student(1001)
```

上述代码如果成功执行，则删除学号为 1001 的学生数据，并在控制台打印出“删除学生数据成功!”的消息。如果出现错误，将打印出“删除学生数据失败:”并显示相关的错误信息。

代码解释如下：

代码第①处定义了一个 SQL 语句，用于删除学生的分数。使用占位符%s 表示要替换的值。

代码第②处准备删除的数据。

代码第③处作用是执行一个 SQL 删除操作，它可删除学生数据。其中，sql 包含了要执行的删除命令，指定了要删除哪个学生的数据；data 是一个包含学生 ID 的元组，它会替换 SQL 命令中的占位符%s，以确定要删除哪个学生的记录。

代码第④处在主程序中调用 delete_student()函数，参数是要删除学生的 ID。

13.3.5 查询所有学生数据

数据查询与数据插入、删除和更新有所不同，查询需要提取结果集，提取结果集时，如果只有一条记录返回，可以使用游标的 fetchone()方法；如果返回多条记录，可以使用游标的 fetchall()方法。

查询所有数据相关代码如下：

```
import pymysql
#  查询所有学生数据
```

```
#建立数据库连接
conn = pymysql.connect(host='127.0.0.1',
                       user='root',
                       password='12345',
                       database='school',
                       charset='utf8')
try:
    with conn.cursor() as cursor:
①       sql = "SELECT * FROM student"
②       cursor.execute(sql)
③       result = cursor.fetchall()

④       print('{:^10}\t{:^6}\t{:^6}'.format('id', 'name', 'age'))
⑤       for row in result:
⑥           print('{:^10}\t{:^6}\t{:^6}'.format(row[0], row[1], row[2]))

except Exception as e:
    print("查询失败:", e)

finally:
    conn.close()
```

上述代码成功执行后，在控制台输出结果如下：

```
 id  name   age
101  张三    18
102  李四    19
103  王五    17
104  赵六    18
105  钱七    16
```

代码解释如下：

代码第①处定义了一个 SQL 语句，用于从 student 表中检索所有数据。

代码第②处使用 cursor.execute( )方法执行 SQL 语句。

代码第③处使用 cursor.fetchall( )方法获取查询结果的所有行数据，并将其赋值给变量 result。

代码第④处在控制台打印表头，以显示学生数据的列名。

代码第⑤处使用 for 循环遍历查询结果的每一行数据。

代码第⑥处在控制台打印每个学生的 ID、姓名和年龄。这里使用了 str.format( ) 方法来格式化输出，使用{:^10}表示居中对齐的占位符，10 表示占 10 个字符宽度。

13.3.6 按照学生编号查询数据

按照学生编号查询数据相关代码如下：

```
import pymysql

#  按照学生编号查询数据

# 建立数据库连接
conn = pymysql.connect(host='127.0.0.1',
                       user='root',
                       password='12345',
                       database='school',
                       charset='utf8')
try:
    with conn.cursor() as cursor:
        # 定义查询语句,根据学生编号查询
①       sql = "SELECT * FROM student WHERE id = %s"
        # 设置查询的学生编号
②       id = 102
        # 执行 SQL 语句
        cursor.execute(sql, (id,))
        # 获取查询结果
③       result = cursor.fetchone()
        # 打印结果
        print(result)
except Exception as e:
    print("查询失败:", e)
finally:
    conn.close()
```

上述代码成功执行后，在控制台输出结果如下：

```
(102, '李四', 19, '男', 93.0, '二年级 2 班')
```

代码解释如下：

代码第①处定义了一个 SQL 语句，用于根据学生编号查询学生的数据。使用占位符%s 表示要替换的值。

代码第②处设置变量 id 为要查询的学生编号。

代码第③处使用 cursor.fetchone( ) 方法获取查询结果的一行数据，并将其赋值给变量 result。由于查询的是单个学生的数据，使用 fetchone( ) 方法可以获取到一行结果。

13.4 总结与扩展

总结扩展

总结：

本章主要介绍了数据库的相关知识，以及如何通过 Python 程序操作数据库，从而存储和管理数据。

1）下载安装 MySQL 数据库，该数据库支持多平台和多语言，是开源关系型数据库的首选。

2）使用客户端工具登录 MySQL 服务器，注意账户权限的设置。

3）学习使用 MySQL 的常见管理命令，如创建数据库和表、增删改查数据等。

4）安装 PyMySQL 库，这是 Python 连接 MySQL 数据库的接口，提供连接以及执行 SQL 语句的功能。

5）使用 PyMySQL 的一般流程：建立连接、获取游标、执行 SQL、提交事务和关闭连接。

扩展：

1）使用参数化查询语句，防止 SQL 注入攻击。

2）实现数据库的多表查询和关联操作。

3）对数据库进行优化，建立索引。

4）封装存储过程，在 Python 程序中调用。

5）使用连接池优化数据库连接。

6）完善异常处理和事务管理。

13.5 同步练习

【练习 13-1】：连接 MySQL 数据库，创建一个新的数据库 your_database。

这个习题主要考察连接数据库服务器，以及使用 SQL 语句创建新的数据库的能力。需要使用 pymysql 库连接 MySQL，执行 CREATE DATABASE 语句来创建指定名称的数据库。

【练习 13-2】：在 your_database 数据库中，创建一个新表 user_table，包含以下字段：

- id -主键，自增。
- name -姓名，字符串类型，非空。
- age -年龄，整数类型。
- address -地址，字符串类型。

这个习题主要是考察创建数据表的能力。需要确定字段名称、数据类型、是否为主键、是否为空等约束信息，然后使用 CREATE TABLE 语句创建表。

【练习 13-3】：向 user_table 插入两条测试数据。

这个习题主要是考察向表中插入数据的 SQL 语句 INSERT INTO 的使用。需要准备好测试数据，然后执行插入语句将数据插入指定的表中。

【练习 13-4】：编写 SQL 语句，查询 user_table 中 age>20 的数据。

这个习题考察基本的 SQL SELECT 查询语句的编写。WHERE 子句中使用条件过滤 age>20，然后查询满足条件的数据。

【练习 13-5】：编写 SQL 语句，删除 user_table 中 id=1 的数据。

这个习题考察 DELETE 语句的使用，指定 id=1 作为条件，删除表中满足条件的行。

第 14 章 拥抱变幻无常的世界——多线程编程

老师，请问什么是多线程编程呢？

多线程编程就是在一个程序里面同时运行多个执行流程。

这样的好处是什么呢？

使用多线程可以提高程序的执行效率，可以同时完成多个任务，更好地利用系统资源。

了解了！那多线程之间如何协调工作呢？

你问到了关键点！多线程之间需要协调，避免操作冲突。我们可以使用锁或者线程通信来实现线程同步。

我明白了，多线程编程可以提高效率，但也使执行流程更复杂。我们需要学习使用各种机制来协调线程。

说得非常对！多线程开发需要注意线程间的协作，这也是我们需要重点学习的。

谢谢老师！我会努力学习多线程编程，掌握线程协调的方法。

14.1 创建线程

Python 多线程编程时主要使用 threading 模块，threading 模块提供了面向对象 API，其中最重要的是线程类 Thread，创建一个线程事实上就是创建 Thread 类或其子类的一个对象。

14.1.1 使用 Thread 类创建线程

如果需求比较简单，可以直接使用 Thread 类创建线程，Thread 类构造方法如下：

```
threading.Thread(target=None, name=None, args=())
```

参数说明如下：

- target 参数指定一个线程执行函数。
- name 参数可以设置线程名，如果省略，Python 解释器会为其分配一个名字。
- args 参数用于为线程执行函数提供参数，它是一个元组类型。

创建 Thread 线程对象示例代码如下：

```
# coding=utf-8
#  使用 Thread 类创建线程
import threading  # 导入 threading 模块
import time  # 导入 time 模块

# 线程函数
① def thread_fn():
②     t = threading.current_thread()  # 获得当前线程对象
      print(f'{t.name}线程执行中...')
③     time.sleep(1)  # 线程休眠 1 秒
      print(f'{t.name}线程执行完成。')

if __name__ == '__main__':
④     t1 = threading.Thread(target=thread_fn)  # 创建线程对象 t1
      t1.start()  # 启动线程 t1
⑤     t2 = threading.Thread(target=thread_fn, name='worker')  # 创建线程对象 t2
      t2.start()  # 启动线程 t2
```

运行示例代码结果如下：

```
Thread-1 线程执行中...
worker 线程执行中...
Thread-1 线程执行完成。
worker 线程执行完成。
```

上述代码第①处声明的 thread_fn() 是线程函数，线程执行时调用该函数，该函数执行结束后，线程执行结束。

代码第②处 current_thread() 函数可以获得当前正在执行的线程对象。声明的 thread_fn() 是线程函数，线程执行时调用该函数，该函数执行结束则线程执行结束。

代码第③处通过 time 模块的 sleep() 设置休眠时间，线程休眠会阻塞线程，程序会被挂起。

代码第④处创建线程对象 t1，其中线程名为未设置，则由系统自动分配，t1 线程函数是 thread_fn。

代码第⑤处创建线程对象 t2，设置线程名为 worker，t2 线程函数也是 thread_fn。

在为线程构造方法的 target 参数传递实参时，指定线程函数名不能带有小括号，即 target=thread_fn 形式，而不能使用 target=thread_fn( )形式。数据库事务通常包含了多个对数据库的读/写操作，这些操作是有序的。若事务被提交给了数据库管理系统，则数据库管理系统需要确保该事务中的所有操作都成功完成，结果被永久保存在数据库中。如果事务中有的操作没有成功完成，则事务中的所有操作都需要被回滚，回到事务执行前的状态。

Python 多线程编程时主要使用 threading 模块，threading 模块提供了面向对象 API，其中最重要的是线程类 Thread，创建一个线程事实上就是创建 Thread 类或其子类的一个对象。

14.1.2 使用 Thread 子类创建线程

老师，除了直接使用 Thread 类，还有别的创建线程的方式吗？

很好的问题！除了直接使用 Thread 类，我们还可以创建一个 Thread 的子类来实现线程。

什么意思呢？能给个例子吗？

可以的。我们可以创建一个名为 MyThread 的类，然后继承 Thread 类，接着在 MyThread 类中重写 run( )方法，run( )方法中写上这个线程需要执行的代码。

自定义线程类 MyThread 实现代码如下：

```
# coding=utf-8
# 使用 Thread 子类创建线程
```

```
    import threading  # 导入 threading 模块
    import time  # 导入 time 模块

①  class MyThread(threading.Thread):
        """ 自定义线程类 """

②      def __init__(self, name=None):
            """ 线程类构造方法,name 参数是设置线程名 """
            super().__init__(name=name)

    # 重写父类 run()函数
        def run(self):
            """ 线程函数 """
            t = threading.current_thread()
            print(f'{t.name}线程执行中...')
            time.sleep(1)  # 线程休眠 1 秒
            print(f'{t.name}线程执行完成。')

    if __name__ == '__main__':
        t1 = MyThread()  # 通过 MyThread 类创建线程对象 t1
        t1.start()  # 启动线程 t1
        t2 = MyThread(name='worker')  # 通过 MyThread 类创建线程对象 t2
        t2.start()  # 启动线程 t2
```

运行示例代码结果如下：

```
Thread-1 线程执行中...
worker 线程执行中...
Thread-1 线程执行完成。
worker 线程执行完成。
```

代码解释：

代码第①处声明自定义线程类 MyThread，注意，它的父类是 Thread。

代码第②处声明线程类的构造方法程序执行结束。

线程启动后会调用自定义类的 run( )方法开始执行线程。

14.2 等待线程结束

老师，我在多线程程序里遇到一个问题，想请教一下。

什么问题啊？说来听听。

我的程序有两个线程，线程 A 需要用到线程 B 产生的数据结果，但是线程 B 似乎不一定先执行完。这样线程 A 拿到的数据会不会有问题？

你提出了一个多线程程序常见的问题！的确，在多线程环境下，线程之间的执行顺序是不确定的。

那该怎么办呢？我想让线程 A 等待线程 B 完成后再去获取数据。

可以使用 Thread 类中的 join( ) 方法实现等待。join( ) 会使当前线程暂停执行，等待调用 join 的线程结束后再继续。

join( )方法有两种语法格式。

- join( )方法：一直等待目标线程结束。
- join（timeout）方法：等待目标线程 timeout 秒。

使用 join( )方法示例代码如下：

```
# coding=utf-8
# 等待线程结束
import threading  # 导入 threading 模块
```

```
import time  # 导入 time 模块

# 声明 value 变量
value = 0

# 线程函数
def task():
    time.sleep(5)
    global value  # 声明 value 为全局变量
    value += 1  # 修改 value 变量
    print('子线程结束。')

# 创建子线程对象
thread = threading.Thread(target=task)
# 开始子线程
thread.start()
# 等待子线程结束
print('主线程:等待子线程结束...')
① thread.join()
# 主线程继续执行
print('主线程:继续执行')
print('value=', value)
```

运行示例代码结果如下：

```
主线程:等待子线程结束...
子线程结束。
主线程:继续执行
value= 1
```

代码解释：

上述代码运行时有两个线程，一个是主线程，另一个是子线程，即 thread 对象，主线程依赖于子线程 thread 运行结果（修改 value 变量结果）。

代码第①处调用 thread.join()阻塞当前主线程，等待子线程 thread 结束，当子线程 thread 结束后，主线程继续执行。从运行结果可见 value 变量被修改为 1 了。

14.3 线程同步

老师，多线程程序为什么会有线程不安全的问题呢？

好问题！在多线程环境下，不同的线程都可以访问相同的资源，这就可能引发线程不安全问题。

什么叫线程不安全问题呢？

就是多个线程对同一个资源读取和修改，由于代码执行序列不确定，导致数据结果混乱。比如多个线程都对一个共享计数器调用加1的方法，由于线程调度不定，计数结果可能出错。

那怎么解决这个问题呢？

主要是通过线程同步来解决。

14.3.1 线程不安全问题

老师，您能举一个线程不安全的具体例子吗？我还是不太理解。

可以，我们来看一个存钱的例子。假设有一个 Bank 类，里面有一个方法：

```
def save_money(self, amount):
  self.balance += amount
```

这个方法就是往账户存钱。

嗯嗯，我明白了。

现在我们创建两个线程，线程 1 和线程 2，都通过 save_money 方法存钱到同一个账户上。

完整示例代码如下：

```
# coding=utf-8
# 线程不安全问题
import threading

import time

class Bank():
    def __init__(self):
        self.balance = 0

    def save_money(self, amount):
        time.sleep(1.5)  # 增加延时,增加线程竞争条件
        self.balance += amount
        print(f'当前余额:{bank.balance}元')

bank = Bank()
```

```
def thread_task(bank, times):
    for i in range(times):
        bank.save_money(1)

t1 = threading.Thread(target=thread_task, args=(bank, 10))  # 增加执行次数
t2 = threading.Thread(target=thread_task, args=(bank, 10))  # 增加执行次数

t1.start()
t2.start()
t1.join()
t2.join()

print(f'最终余额:{bank.balance}元')
```

运行示例代码结果如下：

```
当前余额:1 元当前余额:2 元

当前余额:3 元当前余额:4 元

当前余额:5 元当前余额:6 元

当前余额:7 元当前余额:8 元

当前余额:9 元当前余额:10 元

当前余额:11 元当前余额:12 元

当前余额:13 元当前余额:14 元

当前余额:15 元
当前余额:16 元
当前余额:17 元当前余额:18 元

当前余额:19 元
当前余额:20 元
最终余额:20 元
```

在每个线程执行 save_money 方法时，都会对 bank.balance 进行递增操作。由于引入了 1.5 秒的延时，两个线程在执行期间可能会交叉执行，导致竞争条件。

由于 print 函数在两个线程的执行过程中没有被同步，因此打印的结果可能会出现交错和混乱的情况。这就解释了为什么在打印输出结果时，数字之间可能会出现换行和交叉的情况。

最终的 bank.balance 的值为 20，这是由于每个线程执行 10 次 save_money 方法，每次递增 1，因此总共递增了 20。

14.3.2 线程互斥锁

老师，您上次说到线程同步可以解决线程不安全的问题，什么是线程同步呢？

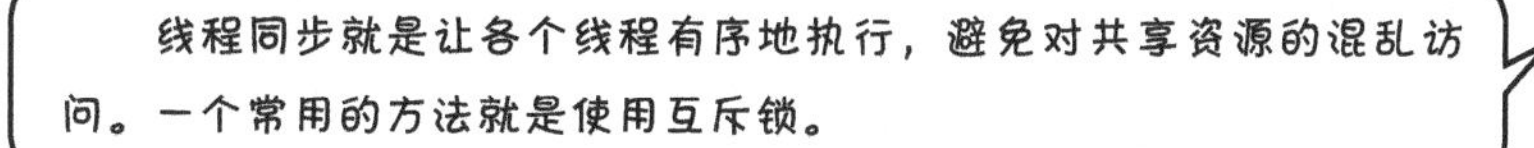

线程同步就是让各个线程有序地执行，避免对共享资源的混乱访问。一个常用的方法就是使用互斥锁。

互斥锁是怎么工作的？

互斥锁会对代码中的临界区加锁，确保任一时刻只有一个线程能进入临界区，其他线程需要在外面等待。

什么是临界区呢？

访问共享资源的那段代码就叫作临界区。我们可以用 Python 的 threading 模块中的 Lock 来实现互斥锁。

使用方法是在线程函数中：

1）先调用 lock.acquire( )获取锁。

2）进入临界区后执行任务。

3）最后调用 lock.release( )释放锁。

线程互斥锁的示例代码如下：

```
# coding=utf-8

import threading
import time

class Bank():
    def __init__(self):
        self.balance = 0
        self.lock = threading.Lock()  # 创建互斥锁

    def save_money(self, amount):
        time.sleep(1.5)  # 休眠 1.5 秒
①       self.lock.acquire()  # 获取锁
        self.balance += amount
        print(f'当前余额:{self.balance} 元')
②       self.lock.release()  # 释放锁

bank = Bank()

def thread_task(bank, times):
    for i in range(times):
        bank.save_money(1)

t1 = threading.Thread(target=thread_task, args=(bank, 10))
t2 = threading.Thread(target=thread_task, args=(bank, 10))

t1.start()
t2.start()
t1.join()
t2.join()

print(f'最终余额:{bank.balance} 元')
```

运行示例代码结果如下：

```
当前余额:1 元
当前余额:2 元
当前余额:3 元
当前余额:4 元
当前余额:5 元
当前余额:6 元
当前余额:7 元
当前余额:8 元
当前余额:9 元
当前余额:10 元
当前余额:11 元
当前余额:12 元
当前余额:13 元
当前余额:14 元
当前余额:15 元
当前余额:16 元
当前余额:17 元
当前余额:18 元
当前余额:19 元
当前余额:20 元
最终余额:20 元
```

代码第①处 self.lock.acquire( ) 是获取互斥锁。如果此时没有其他线程已经持有该锁，当前线程将成功获取锁，并进入临界区。

代码第②处 self.lock.release( )是释放互斥锁，以便其他线程可以继续尝试获取锁，进入临界区执行任务。

在两个线程执行完各自的 save_money 方法后，它们都会释放互斥锁，主线程继续执行。

14.4 总结与扩展

总结扩展

总结：

本章主要介绍了多线程编程的重要性和应用场景。多线程可以提高程序的并发性和响应性，充分利用多核处理器的性能，并使程序能够同时执行多个任务。在多线程编程中，我们使用 Thread 类创建线程，通过定义线程的执行任务来实现并发执行的功能。同时，我们也了解到多线程编程中存在线程安全的问题，如竞争条件和数据不一致性等。为了解决这些问题，我们可以使用线程同步机制，如互斥锁（Lock），来确保共享资源的安全访问。

扩展：

- 线程池：了解如何使用线程池来管理线程的生命周期和资源，以提高线程的重用性和性能。线程池可以预先创建一定数量的线程，并维护一个任务队列，从队列中获取任务执行，避免了线程的频繁创建和销毁。
- 并发编程模型：了解其他并发编程模型，如进程、协程、并行计算等，并了解它们在不同应用场景下的适用性和优势。了解不同的并发编程模型可以帮助我们选择合适的方法来解决特定的并发问题。
- 并发性和性能优化：深入研究如何优化并发程序的性能，包括减少线程间的竞争条件、避免死锁和饥饿等问题，以及利用并发性提高程序的执行效率。了解并发性优化的技巧和策略可以使我们编写出更高效和可靠的并发程序。

多线程编程是现代应用开发中重要的技术之一，掌握多线程编程的基础知识和技巧对于构建高性能和高并发的应用非常关键。通过深入学习和实践，我们可以进一步提升自己在多线程编程方面的能力，解决实际问题并提升应用的质量和性能。

14.5 同步练习

【练习 14-1】：使用互斥锁实现线程安全计数。

【练习 14-2】：解释 join( ) 方法的作用。